中国科普文选（第二辑）

气象新事

林之光 主编

科学普及出版社
·北京·

图书在版编目（CIP）数据

气象新事/林之光主编 . —北京：科学普及出版社，2009.6
（中国科普文选 . 第 2 辑）
ISBN 978 – 7 – 110 – 07088 – 8

Ⅰ . 气… Ⅱ . 林… Ⅲ . 气象学 – 普及读物 Ⅳ . P4 – 49

中国版本图书馆 CIP 数据核字（2009）第 061362 号

科学普及出版社出版
北京市海淀区中关村南大街 16 号 邮政编码：100081
电话：010 – 62103210 传真：010 – 62183872
http：//www.kjpbooks.com.cn
科学普及出版社发行部发行
北京迪鑫印刷厂印刷
＊
开本 850 毫米×1168 毫米 1/32 印张：9 字数：230 千字
2009 年 6 月第 1 版 2012 年 2 月第 4 次印刷
印数：14001-17000 册 定价：20.00 元
ISBN 978-7-110-07088-8/P・55

（凡购买本社的图书，如有缺页、倒页、
脱页者，本社发行部负责调换）

编者的话

感谢全国广大科普作家以及多家媒体对《中国科普文选》（第二辑）出版工作的支持，使这项编辑组织工作繁琐的工程得以顺利实施，丛书能在比较短的时间内顺利出版。

《中国科普文选》（第二辑）的作品征集工作，延续了《中国科普文选》的做法，即由参与杂志推荐或科普作家自荐。文章基本选自近5年来在报刊公开发表的科普文章，少量文章发表稍早。收入本书时，个别文章作了适当的修改。

本丛书共10个分册，基本上按学科分集，个别分册为相近学科文章汇集而成。在选材上基本反映了当今科学技术的发展脉络，以及广大读者、特别是中学生关注的一些热点和焦点。

书中选用的作品基本上保留了发表时的原貌，只有部分较长的文章，由于篇幅所限，做了适当删减，敬请作者谅解。选用报刊推荐的作品，文后均注明原发表的刊物及刊期。

由于丛书是文选性质，文章作者众多，我们除取得原刊载杂志授权使用外，在杂志社的协助下，我们尽最大努力与原作者取得联系，得到他们的授权。但由于各种原因，部分作者我们难以联系上。希望看到本书的作者通过科普出版社的网站与丛书编委会取得联系，以便我们支付二次使用费。我们将在出版社网站上适时公布相关信息。

参与本丛书编辑及文章推荐的刊物包括《兵器知识》、《航空知识》、《现代军事》、《军事世界画刊》、《舰船知识》，《科学画报》、《气象知识》、《地球》、《科技新时代》、《科学之友》、《自然与科技》、《科学大众》、《天文爱好者》、《太空探索》等。对他们的支持，我们再次表示感谢。

中国科普文选（第二辑）
编辑委员会

主　　编：陈芳烈

执行主编：颜　实

编　　委：（按姓氏笔画排序）

马立涛　马博华　王智忠　田小川
田如森　刘大澂　刘进军　刘德生
齐　锐　李　平　李　良　李　杰
李占江　肖晓军　陈　敏　陈健苹
周　煜　周保春　林之光　黄国桂
黄新燕　谢　京　熊　伟　蔡焯基
瞿雁冰

责任编辑：吕秀齐　董新生
封面设计：段维东
责任校对：刘红岩
责任印制：张建农

前　言

世纪之交,《中国科普文选》——一套汇集国内科普佳作、旨在向广大青少年传播现代科学技术知识的科普丛书面世。数载耕耘,结出累累硕果,几年来,该丛书在社会上反响良好,得到了市场以及广大读者的充分肯定,并被列为中宣部、教育部向全国推荐的图书;获中小学优秀课外读物等奖项;在财政部、文化部送书下乡等社会科普公益活动及满足中小学图书馆科普图书装备方面均发挥了较好的作用,受到了读者的欢迎。

随着科学技术的迅猛发展,新知识、新观念、新技术层出不穷,强调人与自然、环境的和谐相处,全面协调可持续发展已成为人类社会的共同追求。顺应科技发展的大潮,满足广大青少年日益旺盛的对新知识的渴求,是我们编辑出版这套反映最新科技发展的《中国科普文选》(第二辑)的初衷。

《中国科普文选》系"九五"国家重点图书出版规划项目,是中国科协普及部、宣传部,中国科普作协,中国科技新闻协会,科学普及出版社组织全国百余家科普媒体共同参与,由著名科普作家担纲主编,汇集了数百篇优秀科普作品,按不同学科领域结集出版之作。《中国科普文选》(第二辑)秉承了这一传统,在中国科协科普专项资助的支持下,由多家著名科普杂志参与推荐,以及科普作家自荐,所遴选的作品涵盖自动化、通信、环境、资源、天文、气象、航天、国防军事及青少年心理等自然科学多个领域。重点反映新中国成立 60 年来，我国在科技领域取得的重大成就，特别突出反映了在航天、国防等领域取得的令世界瞩目、振奋全国人民精神斗志的成果。

党的"十七大"提出了全面建设小康社会、加快社会主义现代化建设的奋斗目标。在经济全球化形势下，特别是应对目前世界金融危机，我们所遇到的机遇前所未有，挑战前所未有，全面参与经济全球化的新机遇、新挑战，落实科学发展观，顺利实现小康社会发展目标，是时代赋予青少年一代的历史重任。任重而道远，这就要求青少年一代，树立远大的理想，以"可上九天揽月，可下五洋捉鳖"的大无畏精神，勇攀科学高峰，在为完成历史赋予我们的伟大使命中创造出辉煌的业绩。

广大青少年是祖国的希望，他们肩负着开创未来、全面建设小康社会的历史重担，这就要求全社会关注青少年的健康成长。《全民科学素质行动计划纲要》中提出："全社会力量共同参与，大力加强公民科学素质建设，促进经济社会和人的全面发展，为提升自主创新能力和综合国力、全面建设小康社会和实现现代化建设第三步战略目标打下雄厚的人力资源基础。"提高公民的科学素质，促进人的全面发展，重点在青少年，要以提升广大青少年的科学文化素质来推动全民科学素质的整体提高，使公众对科学的兴趣明显提高，创新意识和实践能力有较大提高，这也是科普事业最基础性的工作。在《中国科普文选》（第二辑）的编选中，我们力求用优秀、有益、生动的科普作品吸引青少年，为他们的健康成长营造良好的土壤，如果能够对此有所贡献，将是对我们工作的最大褒奖了。

《中国科普文选》（第二辑）编辑委员会

目 录

资源与灾害

气象学处处皆资源 …………………………… 林之光 (3)
巨大的潜在能源——自然温差 ……………… 陆海明 (6)
浅层地温能 …………………………………… 刘永青 (9)
太阳能飞机 …………………………………… 王 琪 (12)
太阳能热量银行 ……………………………… 张庆麟 (16)
沙漠烟囱电站 ………………………………… 曹 虎 (19)
城市风力发电 …………………………… 王乃粒 编译 (25)
放飞风筝引来电能 …………………………… 徐 娜 (31)
搭建白色屋顶　减缓变暖趋势 ………… 胡德良 编译 (35)
留住"天赐之水" ……………………………… 马立强 (37)
话说西北内陆区的高山 ……………………… 陈昌毓 (44)
霜非利刀　露是甘霖 ………………………… 李瑞生 (49)
云冈大佛会消失吗 …………………………… 李国英 (52)
贵州阳光被"偷"刍议 ………………………… 曾居仁 (58)
玻璃幕墙大厦隐藏杀机 ……………………… 余秉全 (63)
北雪犯长沙　胡云冷万家
　——2008年冬我国南方冰雪灾害的气象奇闻 ……………
　……………………………………………… 林之光 (67)
地球大气对人类的升级报复 ………………… 林之光 (74)

奇闻与异事

喷云吐雾铜海马 ……………………………… 宁 静 (79)
打雷啦，注意奶牛 …………………………… 宁 静 (83)
呼风唤雨"魔法"湖 …………………………… 宁 静 (87)

神奇怪异的下关风 ……………………………	谭 湘 (92)
悬棺千年不朽之谜 ……………………………	姜永育 (94)
猎塔湖真有"水怪"吗 …………………………	姜永育 (99)
敦煌"魔鬼城"奇观 ……………………………	陈昌毓 (106)
刚果（金）飞机故障，百余乘客被抛出舱外	
——离奇空难与大气压力有关 ………………	王奉安 (110)
神秘的地震云 …………………………………	杨 军 (113)
地（震）光之谜 ………………………………	许 林 (115)
冰雪严寒的雅库西亚 …………………	余秉全 编译 (118)
千年干沟泛洪水 ………………………………	邓白连 (122)
蝴蝶扇起了龙卷风 ……………………………	王晓侯 (124)
雷击疑案 ………………………………………	(127)
庐山气象二奇	
——雨上飘 云有声 …………………………	黄小林 (130)
蓬莱长岛三大景 ………………………………	刘文权 (132)
北国江城雾凇美 ………………………………	宫卫平 (137)
西岭美景 ………………………………………	渝 江 (143)

探险与考察

走向南极 ………………………………………	秦大河 (149)
奇怪的南极日出 ………………………………	高登义 (157)
艾丁湖底论蜃景 ………………………………	林之光 (160)
龙卷风眼万米生还记 …………………………	奇 事 (163)
再现神秘的"空中怪车" ………………………	陈震华 (169)

生活和文化

寒与中国古代文化 ……………………………	林之光 (179)
天下何处好避寒 ………………………………	林之光 (182)
"节气"入联意趣多 ……………………………	曾洪根 (187)
古词中的风 ……………………………………	复 达 (189)

扇子诗情	缪士毅	(194)
气候因素决定饮食文化	叶岱夫	(196)
湖南人为何爱吃辣椒	戈忠恕	(199)
牛与气象	林之光	(203)
"南拳北腿"的地理原因	马 骏 徐 良	(206)
观测场随想		
——献给那些辛勤工作在气象战线上的观测员		
	高同庆	(208)
为什么能分而治之"称"空气	王奉安	(210)
气象学与风景审美	叶岱夫	(213)
努力把气象学和文学、哲学相结合	林之光	(218)

评论和争鸣

试评《难以忽视的真相》	林之光	(227)
大片《后天》并非是地球的后天	林之光	(234)
北京：一场小雪后的大思考	洪嘉荷	(237)
与自然相悖的人类文明	苏 杨	(240)
为何四川盆地高温伏旱与三峡水库无关	林之光	(247)
我说"南北自然分界线"	林之光	(250)

世界气象日

世界气象日的由来	骆继宾	(255)
世界气象日主题、简要分析和诠释	骆继宾	(258)
气象与水资源	骆继宾	(266)
气象与粮食生产	骆继宾	(269)
气象与环境保护	骆继宾	(273)

中国科普文选（第二辑）

气象新事

资源与灾害

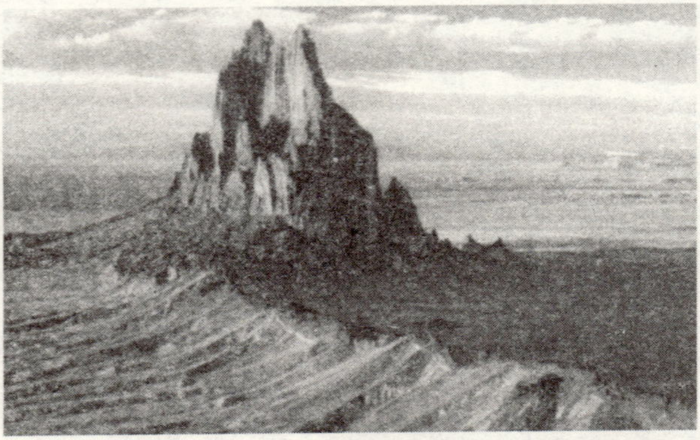

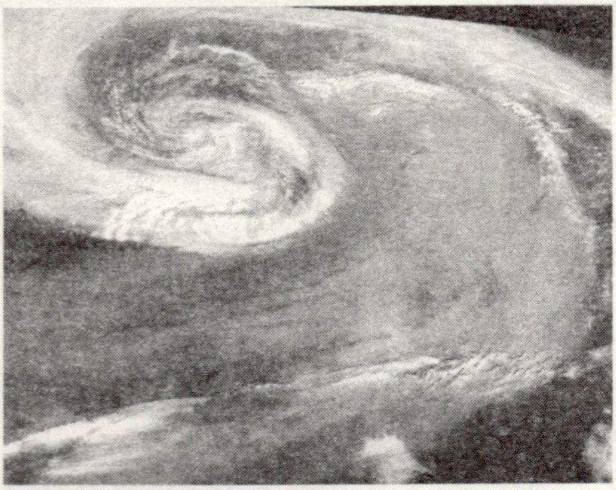

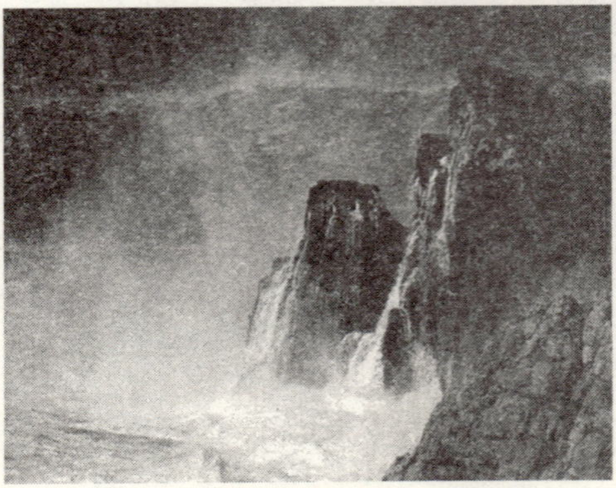

气象学处处皆资源

林之光

人们最早认识的资源，大概只有矿产、森林，还有土地、水体之类。后者资源虽非直觉，但土地上确实可以长出庄稼，水里能收获鱼类。后来发现大气也是资源，主要是因为发现沙漠里长不出庄稼（过干），高纬度、高原地区长不好庄稼（过冷）。因此气象学中最早列为资源的可能就是太阳辐射、热量和水分等农业气候资源。

进入工业化和汽车时代以后，煤炭、石油大量消耗，能源枯竭有期，而且污染严重。于是发现风能和太阳能也是资源，而且清洁、可再生，也可规模生产。因而近年来作为替代能源，发展迅猛。

实际上，气象资源很多，抬头低头都能看见。

天上的云彩可以用来人工增雨，气象学中称为云水资源。"天无三日晴"的贵州因而号称"云水资源大省"。看地，地温也是资源，不光高温（深层、表层）是资源，不高温度的地温也可装置利用，称为低温地热资源。总之，有温差就是能源。

再看身旁，雾露也是资源。世界上干旱而滨海的地区，用大网捕捉气流中的丰富水滴，或多或少地解决了当地的饮水、用水问题。西双版纳冬季（干季）中，夜间的雾露有效缓解了农作物的缺水状况，所以民谚有"雨露滋润禾苗壮"之说。

我国气候冬冷夏热，实际上也是资源。这不光是说古代的

"（冬）不冷（夏）不热，五谷不结"。例如哈尔滨等正因冬冷才有可能开办冰灯、冰雕展和冰雪艺术节。古代北京皇宫中利用冬天厚厚的河冰，窖藏到夏天作为冰镇、纳凉之用。高纬度的瑞典、芬兰等极圈内的国家，冬季中还有全部由冰雪构成的真正冰雪旅馆，收费还不低。

同样，夏热本身也可成为资源。例如，我国夏季最热的吐鲁番，当地的（埋）沙（热）疗可以治疗关节炎等许多疾病。而且，一般说来地表再热，地下也不热。吐鲁番葡萄沟许多居民都有半地下的房间；非洲东北部全年炎热的地区建有地下旅馆，就较凉爽；我国黄土高原窑洞中冬暖夏凉；美国有在岩壁上建造深岩洞旅馆，更是全年恒温。再说远点，也正因为内陆夏热，所以大连、北戴河、庐山、黄山等便成了优越的避暑资源。

大气光象也是为人们认可的旅游资源。许多人喜欢去高纬度观看美丽的极光；到高山上看壮阔的云海；四川峨眉山还以峨眉宝光（欧洲称布劳肯幽灵）著名；山东蓬莱则是多见海市蜃楼的地方。

实际上，世界上任何事物都是一分为二的。在一定条件下灾害也可以转化成为资源。

20世纪70年代越南战争中，美国利用人工催化云水资源，暴雨使胡志明小道上越军运输车辆大幅度减少。云水资源转化成了战争资源，即战争手段。

干旱地区因缺水不能生长农作物，甚至被称作不毛之地。实际上，正是有了干旱气候，才出现了适应干旱的动物、植物，同时增加了地球上的一种自然生态。干旱地区中的绿洲，作物高产优质。从这个角度说，谁说它不是资源呢？

沙尘暴是我国北方春季常见的灾害性天气。可是，沙尘飞上天可以减缓地球大气温室效应；沙尘飞到下游工业区可以缓解甚至消灭酸雨；几百万年来沙尘堆积成了黄土高原，解决了历史上几千万人口的住房问题，而且窑洞冬暖夏凉……。

最后，台风是我国南方夏秋常见的灾害性天气。但台风带来的雨水，可以缓解以至解除大范围地区的伏旱；可以中断伏旱期间的酷热天气，带来凉爽资源。广东曾经利用过一个台风多发电800万度。即事先让水库放水发电，然后再由台风雨把水库灌满。台风又成了水利资源。

限于篇幅，挂一漏万。但从以上叙述，"气象学处处皆资源"应当并非大话。

编者注：文章发表时，因篇幅所限，未能展开。其中风能和太阳能这两种能源（资源）越来越成为当代发展最迅猛的替代（煤和石油）能源。例如，《科技日报》2009年2月10日报道，全球风能理事会近日宣布，2008年全球新增装机容量增长28%，增长27000兆瓦。其中增长最快的是美国和中国。中国去年新增装机容量6300兆瓦，达到12000兆瓦，即已相当于半个多三峡电站的发电能力。现在，全球风能装机容量已经超过12.08万兆瓦，相当于减排1.58亿吨二氧化碳。

巨大的潜在能源——自然温差

陆海明

随着经济发展，能源问题日益突出，一方面人类对能源需求在不断增加，而另一方面石油、天然气、煤炭等矿物燃料在不断减少。迫于能源压力，人们开始寻找普遍存在的可再生的绿色能源。随着现代科学的发展，自然界中的温差变化，作为一种丰富的绿色能源，正在被人们认识和利用。

自然温差作为能源的可能性

自然界的水出现较大的落差时，才能产生流速，从而带动发电机产生能量。"热"也是如此，温差的存在，就意味着有可利用的能量。无论气温高低，温差的存在就有热量传递与交换。这种在常温环境中，自然存在的温差造成的低温热能，属于一种绿色环保能源。

在墨西哥海湾一带的海岸线上，集中了500多个可供储备油的盐穴。盐穴上下2000英尺的落差形成的自然温差，将保持原油在盐穴的循环流动，有利于保持油品的质量。受此启发，研究人员开始对自然温差能源进行实用化研究。1933年，在法国的一个实验室，科学家在室温下利用30℃温差推动小型发动机发电，点亮了几个小灯泡，首次证实自然温差作为能源的可能性。

在青藏铁路建设中，一些冻土路段（例如：清水河路段）

两侧直列着直径约 15 厘米、高约 2 米的"铁棒"。这些铁棒就是热棒,热棒又叫无芯重力式热管、热虹吸管。它是一种高效热导装置,具有独特的单向传热性能,热量只能从地面下端向地面上端传输,反向不能传热,可以说是一种不需动力的天然制冷机。通过热棒技术冷却,有效利用自然冷能资源来保护多年冻土。这说明,由于温差的存在,通过"热棒"进行了热量传递,如果这些传递的热量被交换(蓄积起来)出来,就会产生热能。

海水的温差已证实可以用来发电。法国已经建成了世界上第一座(海水)温差发电站。发电容量为 14000 千瓦。估计不久的将来,大规模利用海水温差发电的技术将获得重大突破。有人计算,如果南北纬 20°之间的海洋有一半适于用来进行温差发电,那么,只要将表面温度降低 1℃,产生的电能就可以满足全球的电力需要。经过 10 年的试验研究,1986 年日本建成了世界上第一座以自然温差能制冷的冷藏库。观测结果表明,库四周季节冻土层终年保持冻结状态,达到了预期效果。

自然温差作为能源的现实性

地球上到处存在着温差,如冬夏季节温差、昼夜温差、土地与大气温差、地下冻土与地表温差、物体的阴面与阳面温差、海水表层和深层的温差、大气与海洋表面的温差、房屋的内外温差等。这种自然界低品位热能,因其"品位"太低,难以收集和利用而长期被忽视,一直被白白浪费掉了。但是,由于大自然维持环境温度的能力为无限大,而温差又无处不在,所以该能量的数量也为无限大,是一种潜在的巨量低品位能源。

自然温差一般较小,聚集自然冷能十分困难,也就谈不上开展利用。在实际生活中,只有将聚集的能量妥善储存,找到廉价高效的蓄能物质,才能使聚集的自然温差热能得到更广泛的应用。如何高效廉价地蓄能,是利用自然温差能源的关键。目前,

人类已经发现了多种更有效的蓄能体，主要可分为两大类：一类是有机材料，如丙酸醇等；一类是无机材料，如复合盐水、硫酸钙等物质。这些物质可以把吸收来的自然温差能储存起来，在需要的时候释放。1942年，随着热管（一种高效传热元件）的出现，使得低品位热能的传递与聚集成为现实。

自然温差作为能源的应用前景

地球本身到处都存着温差，自然温差作为能源有巨大的应用前景。现在，利用自然温差能源可以实现房屋的无能耗调温，它与普通空调设施投资相当，但运转时只需要消耗一些通风用电，耗电功率可以下降到一般空调的三十分之一以下，大大节约了能源。我国有关专家测算，如果全国70%的采暖、降温改用自然温差能源，每年至少可节省一亿吨标准煤。美国和德国利用蓄能材料建成了节能型建筑。此外，利用自然温差能源可实现苦、咸水淡化；防止煤炭自燃；生产调温式集装箱，解决生鲜食品的长途运输问题等。浙江大学的教授也正在研究"将人体体表自然温差转化成能量，这样装在人体内的心脏起搏器也就不再存在电池老化更换"的问题。

总之，自然温差能源可望成为在国家能源结构中占有相当比例的新型洁净能源。

《地球》2007（1）

浅层地温能

刘永青

井水冬暖夏凉是许多人都熟悉的一个生活常识。这是因为从地表向下到达一定深度（常温层），其温度就不受外界气温的变化而改变。到达常温层的深度因地而异，一般来说在地下 30 米左右。例如，南京地区的夏季最高温度可达三十七八摄氏度，冬季最冷的时候则在零下六七摄氏度，但地下常温层却常年保持在十五六摄氏度。常温层与外界气温间之差存在的能量就叫做浅层地温能。如果对其进行开发利用，夏季可以用来制冷，冬季又可以用来供热，实在是两全其美。

地温能开发现状

浅层地温能在过去一直被人们所忽视，但随着能源的大量消耗，开发地温能技术和设备的不断完善，使得浅层地温能的采集、利用已经成为现实。开发利用浅层地温能已成为整个国际地热界的发展方向。

美国从 1985 年以来，浅层地温能开发每年以超过 10% 的速度增长，目前家庭采用浅层地温能供暖（冷）的建筑占商用建筑的 19%，占当年新建筑的 30%。

在我国，目前北京市采用浅层地温能供热的建筑物总面积达 800 万平方米。1999 年以来，北京市地勤局建成了全国最大的地

热加热泵供暖项目——北苑家园；国内最大的地源热泵系统工程——石油化工管理干部学院地源热项目；全国最大的燃煤锅炉改为水源热泵供暖项目——北京友谊医院项目。从近几年北京市地勤局采用浅层地温能供热（冷）工程实施情况分析，使用浅层地温能不仅环保，而且在使用过程中"只用热不用水"，最大限度地减少对地下水的依赖，避免造成地下水交叉污染、地面不均匀沉降等问题。目前，北京市采用浅层地温能技术的供暖（冷）建筑面积每年以15%～20%的速度增长。

储量大且再生迅速

通常所说的开发地热能指的是地壳深层的地热，但是深层地热并不广泛存在，只在少部分地热异常区才有。相反，浅层地温能分布广泛，再生迅速，开发利用投资少且价值大，符合循环经济发展需求。

据专家测算，我国地面以下近百米内的土壤，每年可采集的地温能量是目前发电机装机容量的3750倍。

北京市地勤局负责人介绍，使用地能热泵技术开发利用浅层地温能的节能效果十分明显。

运行费用较低，全部被调查的项目均低于燃油、燃气和电锅炉供暖价格，63%的项目低于燃煤供热的供暖价格。而且就地取能，不向大气排放燃烧废物，实用性强，应用前景广阔。

现行的两种热泵技术

开发浅层地温能的热泵技术包括水源热泵和地源热泵。地质条件较好，浅层地下水丰富且容易回灌，可采用水源热泵；地质条件不好，可采用地源热泵。

水源热泵技术是指抽取与地层相同温度的地下水，并通过机

组与抽取的地下水进行换热。在夏季将建筑物中的热量转移到水源中，实现制冷；在冬季，则从水源中提取能量供暖。根据系统负荷及需水量的大小，地层的出水能力和回灌能力来设计抽水井和回灌井的数量。在这过程中，水源水经过热泵机组后，只是用于交换热量，水质不发生变化。地源热泵技术以土壤作为热源和热汇，通过埋于地下注满循环液的换热器与土壤进行冷热交换，并根据系统负荷量的大小、地层的导热能力来设计换热孔的形式、数量和深度。只要有少量的电能，基本上所有地区都能使用地源热泵。在平原地区钻土施工换热孔比较容易，成孔费用较低；在山区，钻取岩石或砾石层所需的费用就要高些。

2006年下半年，我国首次浅层地温能开发利用研讨会将在北京召开。专家认为，采集大自然低温可再生热能特别是浅层地温能是新世纪取代传统供暖（冷）方式最为现实、最有前途的技术措施。

编者注：我国是世界同纬度上最冬冷夏热的国家。因此冬夏季中表层和深层地温之间的温差也是世界上最大的。浅层地温能源十分丰富。

《科学大众·中学生》2006（7－8）

太阳能飞机

王 琪

飞向太空是人类的梦想,飞机让人类的梦想插上了翅膀。在这个追逐梦想的时代,太阳能飞机让人类的梦想升华:无油耗无污染的空中旅途即将启程。

2008年7月,一架无人驾驶的飞机"微风"6号升空。它连续飞行了3天半,创造了无人驾驶飞机持续飞行时间的世界纪录。更让人惊讶的是,它居然没有使用一滴燃油。

"微风"6号飞机所以能够完成这项壮举,是因为它以太阳能作为能源。几十年来,人们一直在尝试制造使用太阳能的飞机,而现在的技术让这一梦想成为现实。

不使用燃油就能让飞机在空中自由飞翔的梦想同样吸引了两位来自瑞士的冒险家伯特兰·皮卡尔和安德里·波许博格。目前,他们已经设计了一架名为"阳光动力"的载人太阳能飞机原型机,将于2009年春天进行昼夜试飞。如果一切顺利,这两位冒险家将轮流驾驶第二架"阳光动力"飞机环游世界。

昼夜飞行

太阳能飞机使用太阳能电池板吸收太阳能。这些太阳能电池板闪闪发光,厚度只有几张纸那么薄,上面镶着数千个光伏电

池，它们覆盖了整个机翼的表面。当太阳光照射到电池板上时，电池板会产生电流，并用产生的电能推动发动机。多余的电能将被储存在飞机的蓄电池中。这些保存的电能能够使飞机在太阳落山后继续飞行。

这样，无人驾驶的"微风"6号飞机便可以熬过漫漫长夜。但是，目前，还没有一架有人驾驶的太阳能飞机能够进行夜间飞行。伯特兰·皮卡尔和安德里·波许博格希望借助"阳光动力"飞机打破这项纪录。"阳光动力"飞机的驾驶舱很小，只能容纳一个人。届时，它将持续飞行6天6夜，在转换地点降落时交换飞行员，以确保一个人在陆地上休息，而另外1个人继续飞行。

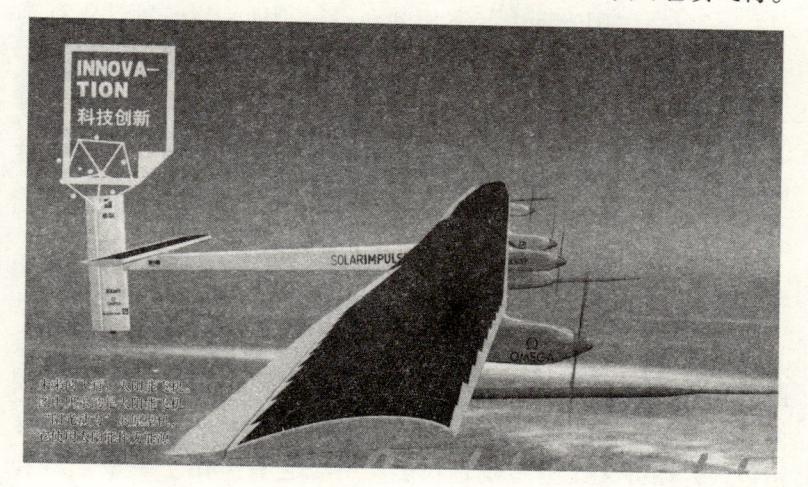

轻装上阵

即使目前太阳能电池板的转换效率较以前有很大增加，但是它们仍然只能利用小部分的太阳能。比如，"阳光动力"飞机的太阳能电池板每天每平方米转换的能量只能供一只电灯泡的照明。

为了有效利用有限能源，太阳能飞机必须尽可能地轻巧，机

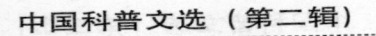

身结构采用超轻碳纤维材料。"微风"6号飞机的质量为30千克，翼展长约18米。由于"阳光动力"飞机要承载一位飞行员、各种生存物品、飞行控制系统等，所以它的体积相应也大一些。第一架"阳光动力"原型机的机翼与质量为200吨的波音747客机相仿，翼展长约61米，但是它的质量只有1.5吨。凭借良好的空气动力性能，"阳光动力"飞机的超轻机体可承受相当大的压力。

因为太阳能飞机的机翼比较大，质量又非常小，这使它有点"弱不禁风"，一阵微风足以让它颠簸不已。为了解决这个难题，"微风"6号飞机在对流层上方飞行，飞行高度在海拔18000米左右。不过，"阳光动力"飞机则会飞得稍低一点，预计飞行高度在海拔12000米左右，这比普通客机的飞行高度（海拔10000米左右）稍高一点。为了避免"阳光动力"飞机在飞行途中过于颠簸，飞行员将希望寄托于良好的天气状况和精确的天气预报。

前景光明

人们憧憬着太阳能飞机能像普通客机一样搭载乘客。尽管目前这一梦想尚未实现，但是，无人驾驶的"微风"6号飞机给我们带来了希望。因为它制造简单，起飞方便，并且可以在高空停留很久，造价又比卫星便宜很多，所以它有望用于军事侦察和通讯。

如果未来"阳光动力"飞机环球飞行获得成功，它将为人们开辟一条更为清洁的空中运输道路。与现在使用燃油的飞机不同，太阳能飞机不会排放二氧化碳等污染物，噪声很小。"阳光动力"飞机的两位设计员希望他们的行动可以唤起人们节约能源的意识。它的成功也将成为一个标志，告诉人们如何有效利用可再生能源。

中国科普文选（第二辑）

太阳能飞机纪录

1974年 "日出"1号
第一架无人驾驶的太阳能飞机。

1980年 "薄纱企鹅"
第一架有人驾驶的太阳能飞机。由于质量小，这架飞机由发明者13岁的儿子驾驶。

1990年 "寻日器"
第一架飞越美国上空的太阳能飞机。它只在白天飞行，历时21天。

2001年 "太阳神"
迄今飞行高度最高的太阳能飞机，飞行高度是海拔29524米。

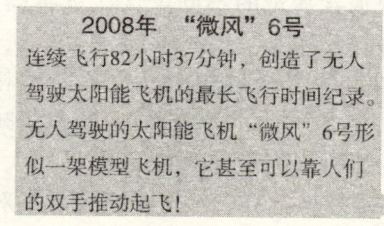

2008年 "微风"6号
连续飞行82小时37分钟，创造了无人驾驶太阳能飞机的最长飞行时间纪录。无人驾驶的太阳能飞机"微风"6号形似一架模型飞机，它甚至可以靠人们的双手推动起飞！

资源与灾害

《科学画报》2009（2）

太阳能热量银行

张庆麟

大约在 19 世纪末,罗马尼亚特兰西瓦亚地区的一个医生,发现了一个奇异的小湖。在寒冬腊月里,尽管湖面已结了厚厚的冰层,但湖下深处水的温度却高达 60℃。是什么原因使冰下的湖水有如此高的温度呢?难道湖底有热源?调查的结果是否定的。于是,这奇怪的小湖便成为一个谜案留给世人去揭开。

20 世纪初,匈牙利的一个物理学家发现,上述小湖之谜并不是绝无仅有的个例。事实上,同样的现象在其他小湖中也可以看到。例如,匈牙利的迈达夫湖在夏末时节,水面的温度只有 30℃ 左右,而在 1.32 米深处水温却高达 70℃。

为什么这些湖底并无额外热源的小湖,其深部湖水会有如此的高温呢?经研究发现,具有这一现象的小湖都是咸水湖(盐水湖),而且湖泊中不同深度的水,含盐量也不同。于是,人们明白了,原因就在于不同深度的水含盐量的不同。含盐量越高,比重就越大,从而妨碍了湖水的上下对流。

在淡水湖里,浅部和深部的水的含盐量相似,比重基本相同。白天,在太阳光的照射下,晒热的水因膨胀而比重稍稍减小,便会上升到表面。夜晚,湖面的水因散热降温而比重增大,便沉到下面,将未来得及散热的水替换上来。经过不断地反复对流,湖水上下的温度便会趋向一致。但是,盐水湖的情况不同。浅部的水因有雨水等的补给会接近淡水,比重较小,即使在夜晚

散热后，其比重也不会比深部大，所以不会下沉。这就使深部被晒热了的水，在浅部水层的保护下一直无法散热，热量日积月累，温度逐渐升高，起到了储蓄太阳能的作用。

1948年，一位以色列科学家首先想到，可以利用盐水湖的这一特性进行太阳能的开发利用。在他的建议下，在20世纪60年代末，以色列在死海海岸附近建造了一个面积为625平方米的人工湖，并模拟天然盐水湖的状态来布置湖水，即深部是含盐较高的咸水，浅部为比重较轻的淡水。果然，在亚热带阳光的照射下，不多久湖面下水深80厘米处的水温就高达90℃。20世纪70年代末，以色列又建造了另一个深2.5米、面积为7000平方米的人工盐水湖。同样，在太阳光的照射下，深部的水温迅速上升。

为了让这些已被加热了的湖水能为人们提供能源，人们在湖里置入许多U形管，并从管的一端灌入一种低沸点的氯化烷。在湖水热力的作用下，氯化烷迅速气化，从U形管的另一端逸出，冲击着连接U形管的汽轮机，使其发电。1979年12月19日，这个盐水湖发电站正式发电，功率达到150千瓦。

以色列的成功，使意大利、日本等国的科学家也纷纷加入研究。日本更形象地称其为"热量银行"，并建造了一个面积为1500平方米、深3米的人工盐水湖。尽管此湖处于较高的纬度区，但水深1.5米处的水温也能上升到80℃。意大利的科学家建造的一个小型盐水湖，则创造了一项世界纪录，该湖深部的水温竟高达105℃。

这种会储蓄太阳能的盐水湖，不仅可以用来发电，而且也能用于其他取暖领域。例如，在湖深处铺设一些管道，注入冷水，这些冷水在被湖水加热以后，就可以用于居民供热或温室栽培等领域。

虽然我国至今尚未开展盐水湖的储能和利用工作，但我国境内却有着众多的天然盐水湖。据不完全统计，其总数在1500个

以上，其中最大的青海湖湖面面积达 4583 平方千米。西藏的纳木错湖，湖面面积为 1920 平方千米，是我国的第二大盐水湖。这些湖都位于我国西部气候较冷的区域，但日照时间长，因此完全可以预见，它们的深部一定也储蓄了大量的太阳能，等待着我们去开发。

编者注：这是一种新能源。但是文中第四段讲淡水湖的情况值得商榷。由于白天阳光热量是随着入水深度的增加而减弱的，因此淡水湖白天水温的垂直分布是向下逐渐降低的，不会发生文中所说的上升运动。夜晚因表层水冷却而确有下沉运动，但湖水温度的垂直分布也不是上下等温，而是向下逐渐升温的。这些都是观测事实。但是这些对全文其他部分无影响。

《小学科技》2006（5）

沙漠烟囱电站

曹 虎

电是最洁净的二次能源，但在火电、水电、核电、风电等发电方式中，投资有高有低，一次能源的污染有轻有重，运行中的环境安全性也不相同。因而，寻求既省钱又与环境友好的发电方式，成了各国政府追求的目标，能源专家也在开发清洁能源上开动了脑筋。世界上有比水电和风电成本更低，更洁净的发电方式吗？

独一无二

太空探测飞船进入轨道后，都会伸出两对翼状的太阳能电池板，这是飞船的电力系统。太阳能发电是最环保的，但硅光伏发电造价很高，每千瓦电力的成本在50000元人民币左右。所以目前只在飞船、卫星和一些特殊的探测仪器上使用，有时也用于边远地区照明和生活用电。现在一些经济发达的国家，出于环保要求，也开始使用光伏发电系统。为更好利用阳光这种既干净又取之不尽的能源，降低投资成本，科学家们在1978年设计了一种全新概念的太阳能电站。这是德国科学家的创造，他们采用传统的技术组合，让阳光制造热气流推动涡轮机，得到了洁净的电力，所以叫太阳能热气流发电。新型电站的重要创新，在于主打材料不用硅板，而用传统的材料，大大节省了发电的成本。

1982年，德国和西班牙的科学家合作，在欧洲高原东部的沙荒地带，建造了世界上第一座太阳能热气流模型电站。海拔600～800米的西班牙梅塞塔高原，四周群山环绕，阳光充足，是欧洲唯一有荒漠的地方，也是建新型电站最合适的地方。电站的主要建筑是直径250米、近圆形的全透明玻璃房，在房的中央，耸立着一座200米高的烟囱。走进电厂，只见涡轮机在急速地转动，但烟囱里没有一丝烟气，也没有油污的气味。工人们端坐在操纵台前，红红绿绿的仪表指示灯有规则地闪烁，100千瓦的电流从发电机源源不断地输入电网。

这就是新型的太阳能热气流试验电站，不用水，不用煤，只用太阳光，但又没有庞大的太阳能电池板。建厂20多年来，它一直在平稳地运行，显示着设计者的智慧和科学思想。

太阳热气流的威力

万物生长靠太阳，绿色植物用叶绿素捕捉光能，通过光合作用，将太阳能转化为化学能，贮存在有机物中。埋藏在地层的古植物和动物，变成煤、石油和天然气，人类开采后，地球历史积淀的太阳能得到释放。但是，生物积累的太阳能只是很少的一部分。

据科学研究，太阳一天照在地球的能量，相当于全球所有发电厂运行250年的发电量，太阳普照大地40分钟，就等于全球一年能量的消耗。地球各处受热不均匀，使大气对流生成的风也具有极大的能量。因此，太阳能应是人类能源的源头，也是能量利用的主流。太阳能利用，目前有集热的太阳能热水器、硅太阳能电池等，集热效率不够理想，硅的生产成本又很高，因此当前太阳能利用的规模不大。如果在阳光充足的地方建造面积足够大的集热装置，再用热对流原理，制造出强大的气流，用它去推动涡轮机发电，不就能省去昂贵的硅材料，大大节省发电成本了

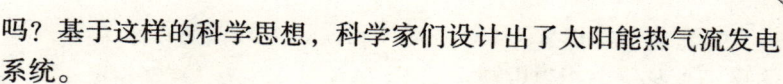

吗？基于这样的科学思想，科学家们设计出了太阳能热气流发电系统。

太阳能热气流发电系统，由太阳能集热棚、导流烟囱和涡轮发电机组三部分组成。集热棚用透光和隔热的材料，能高效吸收太阳能，使棚内的温度升高，里边的蓄热箱能吸收大量的热，以保证夜间或阴天仍有热量释放，使上升的气流不间断。烟囱由水泥、钢筋、沙石制成，也可用新型的合成材料。为生成上下几千帕的压力差和抽吸能力，烟囱必须设计得很高，随发电功率一般达数百米，最高可达千米。在烟囱的底部安装涡轮机和发电机组，由叶轮带动发电机发电。高大的烟囱是太阳能热气流电站的显著特点，所以习惯上又叫它太阳能烟囱电站。

沙漠电站效益高

太阳能热气流发电是常规的技术巧妙组合，所用的材料和设备也是常用的，比如玻璃、保温材料、水泥等，因此投资成本较低。据技术和经济评估，建设太阳能烟囱电站，每千瓦的投资大约在 5000～8000 元人民币，同规模相等的水电站相当；一度电的成本在 0.1～0.25 元，是硅太阳能发电成本的 1/6。唯一不可缺的条件是要有充足的阳光、大片的沙漠荒地和投资。

水电洁净成本也低，但建大坝会带来一系列的环境和生态问题，如河床抬高淹没土地、造成盐碱化。全世界发电建水库，已失去了 40 万平方千米的土地。我国的黄河经常断流，给下游的农业带来巨大的损失，主要原因是上游发电筑坝太多。大坝对植物和动物也会造成灾难，加快了物种的灭绝。哥伦比亚的大坝阻断鲑鱼的洄游，使鲑鱼捕获量大减，建坝 20 年来的渔业损失高达 65 亿美元。印度西北部的大坝使进入恒河三角洲的流量大量

减少，造成了海岸25万亩红树林死亡。水力发电还要安置大量的移民，花费也相当可观。

太阳能烟囱发电，只占用沙漠和荒地，不需征用有限的土地，不会同粮食和果蔬生产发生冲突。沙荒地带是不毛之地，没有人居住，因此不会带来移民难题，可以省下大量的移民安置资金。将大片的沙荒覆盖，是减少沙尘的有效方法。我国由于草原的荒漠化，每到冬春季节因少雨扬起的沙尘暴，成了北方诸多城乡的灾害性天气，严重影响了居民的生产和生活。建设沙漠电站，可以减少沙尘天气，对改良气候有重要意义。太阳能热气流电站运行时，排出的只是热空气，不会产生污染，环保性能极好。而且设计的规模越大，效益越显著。

沙漠电站最适合中国

太阳能烟囱电站的优点是显而易见的，特别是对一些地处荒漠带的国家尤为实用。美国已建起多个不同型式的太阳能热气流模型电站，进行了大量的基础研究。印度已制订了100兆瓦的烟囱电站计划。从1995年，南非物理学家斯廷纳提出：在南非的北好望角建造太阳能烟囱电站。计划中的太阳能烟囱电站将建在南非边远的沙漠城锡兴附近。该工程预计耗资约4亿美元，发电能力将达到200兆瓦。斯廷纳认为，在南非建造太阳能烟囱电站是有机会与化石燃料电站竞争的。虽然在南非煤很便宜，而且这个国家对电力生产优先考虑的是廉价而不是"清洁"，但是在南非建造太阳能烟囱电站还是可行的，因为它的运行费用和成本更低。这项庞大的工程仍存在巨大困难，建造1500米高的烟囱是目前世界上前所未有的。

我国的沙荒面积占国土面积的27.9%；沙化土地有174.31万平方千米，主要分布在我国的西北部。新疆的荒漠面积占全疆的一半，青藏高原有2/3的永久冻土，太阳能资源极为丰富。据

推算，1万平方千米的荒漠面积，能提供1亿千瓦的太阳能烟囱发电，发电量可达3000亿度，相当于5个半三峡电站。科学家们认为，发展核电、水电、风电是解决能源的好途径，但核电和水电带来的环境问题，对可持续发展的影响很大。因而，发展太阳能热气流发电，应是我国能源战略的必然选择。因为同样的投资同样的效益，又大大有利于生态环境的改观，太阳能热气流电站最符合可持续发展的原则。

专家们认为，我国经过几个五年计划，经济实力已大大提高，资金已不是问题。我们应加快太阳能热气流发电的研究速度，尽快建立我国的模型电站，取得可靠数据，在开发大西北中立项大型太阳能热气流电站的建设。

双赢设计

太阳能烟囱发电虽然提出较早，理论也已成熟，但除西班牙的一个小实验电站外，大功率的电站实践只有澳大利亚一座，许多技术问题正等待科学家研究解决。如高耸上千米的烟囱稳定性和抗风如何解决？遇到连续的阴天怎样有效地维持电站的运行？发电机组的安排与涡轮机的整合怎样才能高效。我国科学家中研究太阳能热气流发电的人较少，新疆电力公司与华中理工大学合作，正筹建一座太阳能热气流实验电站。

在荒漠地带风力资源同样丰富，现在风力发电技术已相当成熟，就是投资要高些。没有太阳的夜晚却是风电的优势，如果将太阳能热气流发电和风力发电并行设计，就能实现两种发电的气候互补和昼夜互补，提高供电的可靠性和稳定性。

编者注：据《世界科学》2008年5月刊登的一篇编译文章称，2007年全世界太阳能热发电厂（即沙漠烟囱电站）的装机容量只有100兆瓦。2008年2月美国亚利桑那公共服务公司宣布，将与西班牙太阳能发电开发商在亚利桑那合作建造一个280兆瓦

的太阳能热发电项目(目前世界上最大的太阳能光伏电站,即直接以光发电,只有20兆瓦)。文章说,到2013年仅在美国和西班牙,太阳能热发电能力即可增加到6000兆瓦。

文章还说,据美国能源部报告,尽管目前风力发电成本大约每度电8美分,而太阳能热发电每度为12~13美分,但后者竞争能力很强,前景比目前发展最快的风能还看好。

《科学大众·中学生》2006(10)

城市风力发电

王乃粒 编译

如果纽约市的城市规划师们工作进展顺利的话,在那里将会耸立世界最高的风力发电机组,这或许会成为可再生能源的旗舰项目。但纽约市的居民是否对风力发电做好了思想准备?乔纳森·奈特(Jonathan Knight)对此进行了专门研究。

在美国,每个人都不会忘记2001年9月11日这一天他们本人在哪里。建筑工程师西尼萨·斯坦科维奇当时在英国牛津附近的卢瑟夫·阿普尔顿实验室参加为期一天的可再生能源研讨会。当纽约世贸中心遭恐怖袭击的消息传来时,他正在会上介绍这两年对如何将风力涡轮发电机安装到城市建筑物上所进行的研究。

目前,按照斯坦科维奇别出心裁的创意进行的一项在曼哈顿世贸中心遗址"零点"地块的重建计划,可能会对城市风力发电起到推动作用。纽约未来的标志性建筑"自由塔"(Freedom Tower)在2004年7月4日美国独立日这天破土动工——在"自由塔"上将安装世界上最高的风力发电机。

如果能按计划施工,"自由塔"将成为全世界最引人注目的可再生能源的象征。在塔的顶层将装上36台风力涡轮发电机组,可为这一建筑物提供它所需要的1/5的电能。现以伦敦为基地的生态设计顾问 BDSP 合伙公司的奠基人斯坦科维奇说:"'零点'地块的涡轮发电机建成后将会产生利润,而且会激发起人们对风力发电的更大兴趣。"

许多风能热心人士认为,当矿物燃料供应减少,而城市电力需求日益增加时,架设在屋顶上的风力发电机将会发挥更大的作用。而另外一些人则怀疑,城市风力发电是否会有如此大的功效,有人甚至怀疑"自由塔"上的风力涡轮发电机是否真的能建造起来。

今天,绝大多数的风力发电都是由建立在偏远乡村或距海岸较近的风力发电站进行的,那里的风力平均要比城市大两倍。这些带有旋转叶片的涡轮发电机,每台能生产5兆瓦的电,足以供应一座大型办公楼的用电需要。

多伦多市引以为自豪的一座30层楼高的湖边"风车",当它转动时发出的电能可供250家住宅使用,受到当地社区的热情支持,50%的安装成本都是由他们集资解决的。

发电效率有待提高

尽管风力涡轮发电机在安装和运行上都要比太阳能板便宜一些,但在屋顶上安装的却少见。按照风能专家的说法,大楼业主担心涡轮机可能太重,而且噪声太大。还有人认为巨大的叶片不美观,甚至有危险。

城市风力发电的热心人士相信,这些问题都是可以解决的。"我们认为风力发电要比一些原始的东西更适合于城市的环境",斯坦科维奇说。

据欧盟专家称,到2010年,它的成员国消耗的能源将有大约12%来自可再生能源;而英国则力求到2020年有20%的能源是可再生能源。要想达到这些目标,就得让消费者乐意接受利用太阳能板或风力涡轮发电机生产一些他们自己用的能源。

1998年,斯坦科维奇参与了一个由欧洲委员会资助的将风力发电引进城市(WEB)的开发项目。该项目要求:无论是新设计的或翻新改进的装有风力涡轮发电机的建筑物,必须有至少

20%的用电来自风能发电,以证明它们的安装成本是合算的。为达到此目的,建筑物的造型设计应充分考虑怎样使风力发电机达到最大的效率。

WEB项目的试验结果得出结论:广场上的楼群会扰乱空气的流动,而且易造成湍流。因此,安装涡轮机的建筑物表面需要设计成曲线形或利用导管,以保持风力顺畅地流向叶片。

噪声是大问题

WEB项目组的成员设计了一台两层的样机,以表明此样机安装进两座塔式建筑物之间的涡轮机的发电效率可能比一台独立的设备高出25%。每座塔的基座形状如同飞镖一样,它能加速涡轮机上空的空气流动,并防止湍流的产生。"通过使风集中流动,"斯坦科维奇说,"建筑物可以提高风力涡轮机的效率。"

然而,一些批评意见则认为,在城市中安装大型风力涡轮发电机存在几方面的问题,如果叶片破碎,容易造成人身和财产伤害。涡轮叶片的重量可达几百公斤,飞出来的碎片速度可超过100千米/时,因此,一块飞离的碎片可能会造成相当大的危害。

城市风力发电的拥护者认为,这样的担心是毫无根据的。现代的涡轮机具有良好的安全性能,包括速度控制和叶片质量。这种叶片在遭遇风暴时可以使进入的风力减弱。也许,在大楼上安装涡轮发电机遭遇的最大挑战是噪声。

叶片中出现的任何轻微的不平衡,都会被离心力放大,从而使涡轮机在叶片转动时产生摇动。北方电力系统公司总裁克林特·吉托(Clint Jito)在风力发电方面有30年的工作经验,他说:"没有一种旋转的机械是百分之百平衡的。任何一种不平衡都会在旋转中显示出来,人们对它却无能为力。"

如果涡轮机的转速与周围的结构件如承重梁的共振频率相匹配,则大楼本身也会发生振动,而将噪声放大。伯尔格风能公司

的麦克·伯尔格说:"这些噪声可以将你的楼顶变成一个巨大的麦克风。"伯尔格认为,如果风力涡轮发电机是原始设计的一部分,就像"自由塔"那样,它就应该有可能通过安装支撑结构来减少振动。但这样做的代价太高了。

当建筑师们在 2004 年年初开始寻找一家风能公司来设计他们的涡轮发电机时,伯尔格风能公司决定不参与竞标,他们认为这样做成本太高。"我怀疑在'自由塔'顶上也许根本就不可能安装风力涡轮机。"伯尔格说。

设计师斯基德莫尔(Skidmore)所在公司的一位发言人拒绝回答《自然》杂志关于"自由塔"安装涡轮机方面的问题,或者说是否有一家工程公司已经被选中来建造这些设备。但一家参与"自由塔"项目竞标的风能公司却称,已经找到了解决振动问题的办法——垂直涡轮机。与传统的风车不同,垂直涡轮机带有曲线形叶片,其两端都与一根垂直的轴接触。无论风向如何,它们都能旋转。

总部设在密执安的 McKenzie Bay 国际公司的总裁加利·威斯特荷尔姆指出,垂直涡轮机在给定的旋转速度下产生的振动较小,这是因为叶片受拉力的影响较小。

为了进一步减轻振动,威斯特荷尔姆建议在"自由塔"上安装 30 台 100 千瓦的小型涡轮机,而不是几台大型涡轮机。如果它们接近任何构件的共振频率时,这些涡轮机就会自动变速。

垂直涡轮机遭遇挑战

楼层不多的城市建筑,不论其大小如何,都没有安装 30 台涡轮机的空间,而且还受到风力弱和性能不可靠的影响。因此,在苏格兰进行的一项旨在探索通过将小型涡轮机与减少大楼对能源需要的其他技术结合起来的计划,该计划实施的最终目的是吸引更多建筑师参与这方面的设计工作。

苏格兰著名的设计师查尔斯·瑞尼·麦金托施当初设计的格拉斯哥 1895 灯塔大楼，是建筑物中的一件精品。当它在 1999 年翻修时，就添装风力和太阳能发电设备一事，曾向斯特拉斯克莱德大学能源系统研究分部（ESRU）的工程师们进行了咨询。

新的设计方案是在灯塔大楼的屋顶线下方加开一些口子，以引导气流上升，然后通过穿越涡轮机的导管将上升的气流逸出屋顶，导管具有多种优点，通过引导风的流向，可以在气流遇到叶片之前减少它的湍流现象。"它们还可以将涡轮机掩蔽起来，防止碎裂的叶片飞出来造成伤害。"ESRU 的乔·克拉克如是说。

灯塔大楼建筑的另外一些特点包括：能在冬天保暖、夏天排热的窗户；能确保只有住人的房间才被传感器运作供暖；当有足够的日光时就会自动变暗的电灯。将这些技术结合在一起，能使该大楼的效率比英国最好的实用标准要求高 70%。其结果，风力涡轮发电机能生产出占大楼年电能消耗总量 1/3 的电能。

虽然目前还没有像"自由塔"那样有雄心壮志的项目建造起来，但小型风力发电机的数量确实在增加。在荷兰，许许多多的小型风力发电机已出现在海牙和阿姆斯特丹的屋顶上。自 2004 年 5 月起，苏格兰政府开始资助一项试验工程——在弗夫的部分小学的屋顶上安装小型风力涡轮发电机。

参观"自由塔"平台的旅游者不会不注意到它的爱国主义象征性。建成后的塔式大楼将高达 1776 英尺——象征美国独立年（1776 年），它的塔尖反映了"自由女神"像抬起的手臂。然而，参观者是否真会看见摩天大楼间的"风车"？到 2015 年也许还不会。

编者注：能源危机和大气污染使得建筑设计者也开始绞尽脑汁在城市高楼顶上安装风力涡轮发电机，以解决大楼部分用电。风车之国荷兰已经一马当先。由于在近地面大气层中，风速是随离地高度的增加而迅速增加的，而风能密度又是正比于风速的 3 次方和空气密度的乘积（而高楼顶上的空气密度最多只比地面减小

1%~5%)。这就是它的优势所在。

据《科学时报》2009年2月19日报道,一种安装在房顶上的"便携式涡轮风力发电机"已经进入美国家庭,总费用约1万美元。当风速为30千米/时,能产生1.5千瓦电能,而噪声仅35分贝。报道还说,在这些家庭里,经常可以看到电表倒着走,即风力发电量超过家里的电力消耗。

《世界科学》2004（7）

气象新事

放飞风筝引来电能

徐 娜

说到风筝和电的关系，我们大概会想到那个冒险在雷雨天放飞风筝的富兰克林，但是直接从雨云中取电毕竟太过于危险，而且不是天天都会有雷雨云经过。最近，科学家们提出了一种用风筝发电的方法，利用风筝在高空持续稳定的风力来发电。其原理很简单，不过目前还处于实验阶段，如果可以实施，或许我们就会多了一项既环保又廉价的供电选择。

俄罗斯科学家利用风筝天梯发电

由于煤炭、石油、天然气，这些化石能源都是有限的，而且还会影响全球环境、有损人体健康。因此，近几十年来，人们在考虑如何摆脱对化石能源的依赖，回答是大力发展风能、太阳能等可再生能源。因此，近年来的风力发电场如雨后春笋般在世界各地纷纷建成。

经过几十年的发展，今天的风力发电设备也和往日的风车完全不同，其规模庞大，最大的现代"风车"可以达到上百米的高度，其旋转叶片的顶尖比高楼大厦还要"出格"。这样的高度已经令人难以想象了，但是俄罗斯物理学家伯德格茨又在酝酿更宏大的设想，希望达到更高的高度，以获取巨大的风能。

伯德格茨介绍说："你可以试想一个在空中飞翔的风筝，一

个离地面几千米的高空、以很高速度滑翔的风筝。同时它牵着一条钢索,这条钢索带动地面的一台卷扬机转动(这台卷扬机和一台发电机的主轴连接在一起),卷扬机转动的同时也带动了发电机发电。"

这是和当今风力发电原理完全不同的、全新的设想。它利用的是高空的风力资源。高空风力比地面上的要强很多,而且更主要的一点是,它的风力更加持续稳定。

风筝发电的过程也是风筝上下摆动的过程。一开始,在强大风力的带动下,伸展开的风筝不断上升,直到牵着它的钢索用尽,此时风筝开始自动收缩,卷扬机倒转,把风筝往下拉。然后又是伸展、上升,如此往复不断。

风筝上升的时候产生电力,被拉回的时候却要耗电,但合计下来,发电量明显高于耗电量。伯德格茨介绍说:"风筝上升的时间可以持续 60 秒,比如说从 4500 米的高度上升到 5000 米,然后再让卷扬机回收钢索,把风筝拉回到 4500 米高度。然后再开始下一轮循环。"

伯德格茨计划送上高空的不仅仅是一个,而是一组风筝,准确地说是 50 个巨大的风筝,每一个伸展开来足有足球场那么大。这些风筝将在空中从上到下排成一串,看上去就像一个通天的梯子。而牵扯这些风筝的钢索有 6000 米长,卷扬机的直径将有 9 米多。假如风筝所在高度的风力不足的话,人们还可以放松钢索,让风筝再爬高一层,上升到风力更大的高度。因此,所有风筝一旦上天,一般情况下就不会重返地面了。

开发人员告知,这样一组高空风力发电设备可以达到 100 兆瓦的发电能力。伯德格茨说:"我们只需要一根钢索、一台卷扬机、一台发电机和几十个风筝就够了。我们不需要更多的东西,发电成本将会很低,1 度电的成本将不到 1 欧分。地面风力发电设备的装机容量今天已经接近了极限,5 兆瓦已经算是很大了,没有多少提升的空间。因此,我们现在需要广开思路,以便更好

地利用风力资源。"

意大利发明风筝"旋转木马"发电

　　有些研究人员甚至坚信，高空风力发电设备的潜力巨大，不仅可以取代几十个地面风车，而且也可以和传统的发电站一比高低。意大利都灵附近的一家工程师事务所的负责人马西莫·伊波利托介绍说："我们已经在构想建造发电能力在兆千瓦级的大型设备了。我们已经在计算机上成功地进行了模拟计算。从理论上来说，我们完全可以设计一台发电能力达到5兆千瓦级别的高空风力发电设备。"

　　意大利工程人员设想风筝在风力作用下，带动固定在地面的旋转木马式的转盘，转盘在磁场中旋转而产生电能。转盘上连接着一些高阻电缆，每对电缆都控制着一个风筝的方向和角度。而这种风筝也不是我们在公园常见的那种类型，而是类似于风筝牵引着冲浪——重量轻、抵抗力超强、可升至2000米的高空。据估计，风筝风力发电机获得每千度电的成本仅1.5欧元；而欧洲国家每千度电的发电成本平均为43欧元。显然，风筝风力发电机的成本是后者的近三十分之一。

　　支持者称，这种旋转木马发电机的其他组件加起来成本为36万欧元，而且只占用很小的空间。据他们估计，即便直径只有100米，风筝风力发电机也可产生5兆瓦的能量。伊波利托受其悬挂式滑翔和风筝牵引冲浪等周末爱好的激发，开始琢磨一种特殊的风力发电装置，最终风筝风力发电机的概念诞生了。

　　伊波利托表示，一个直径1000米的转盘可以提供250兆瓦的发电能力。他说："这将是第一台发电能力和常规电站不相上下的可再生能源发电设备。"

高空风能发电前景可观

物理学家伯德格茨的发明也适用于小工程,譬如建造家用式的高空风力发电设备。房主可以把这样的设备安装在自家房顶上,或许还可以替代太阳能电池。他介绍说:"就是这些小型风筝梯子,100米或者200米高,足够为一户人家提供几千瓦的电力。"

相反,伊波利托则是要"做大梦",建造大型电站,在沿海的无人地带建造由高空风力带动的超大转盘。他并不否认这些风筝可能会妨碍航空交通,但他认为这个问题不难解决。毕竟,核电站上空不也明文规定是禁飞区吗?

目前,这两支科研小组已经测试了他们的高空风力发电原理,并得到了电力收获,只不过试验规模很小。下一步计划在较大规模的样机上进行试验。至于第一批高空风力发电设备什么时候会问世,现在还没有人能够予以回答。因为开发人员还得绞尽脑汁,寻找经费来源,缺乏资金是他们目前最大的难题。

编者注:这种能捕获高空风能的风筝,已经初获成功。例如在2008年12期《科学大众·中学生》上刊登了《放只风筝捕获高空风能》文,指出"而今荷兰代尔夫特大学的科学家将一只面积为10平方米的风筝放入高空,产生了10千瓦的电力,可满足10户家庭使用"。

《世界科学》2006(12)

搭建白色屋顶 减缓变暖趋势

胡德良 编译

几十年来,建筑施工人员都了解这样一个事实:白色屋顶反射太阳光线,可以降低空调使用费。目前,科学家们称:他们通过量化分析,发现白色屋顶还有一个益处——减缓全球变暖的趋势。

9月9日,在萨克拉门托举行了加州气候变化年会。会上公布的一项数据表明:如果在世界上100个最大的城市搭建白色屋顶,并将市里的公路路面改用反光更强的材料(如用混凝土代替基于沥青的材料),那么全球将会获得很明显的降温效果。

自2005年起,加州就已要求平顶的商用建筑使用白色屋顶。明年起,新建的或翻修的房屋,不管是民用还是商用,也不管是平面顶的还是斜面顶的,都要搭建可反射热量的屋顶,这一点将被列为加州节能建筑法规的一部分。

同时,加州也将通过立法来促使路面改用降温材料。目前该州的路面铺设着大量吸收热量的沥青。沥青是石油冶炼过程中产生的廉价副产品。

劳伦斯伯克利国家实验室(Lawrence Berkeley National Laboratory)的物理学家哈舍姆·阿克巴里(Hashemi Akbari)说:以美国家庭屋顶的平均面积为1000平方英尺计算,如果都用白色材料代替目前的深色盖顶板或者深色盖顶层,足以抵消10吨释放到大气中、可使地球升温的二氧化碳。

从全球范围来看,大多数城市的屋顶占城市总表面的25%,路面约占城市总表面的35%。如果100个主要城市的市区全部改用反光材料,那么将会抵消440亿吨温室气体。这个温室气体抵消量比所有国家整整一年的排放量还要大。况且,全球的气候谈判人员都把重点集中在限制排放量的快速增长上。因此,如果利用降温材料搭建屋顶和铺设道路,甚至在不用严格限制工业污染的情况下,也会抵消10多年的排放增长量。

阿克巴里的论文《全球降温策略:在全世界范围内利用提高城市反射率以抵消二氧化碳的作用》将发表在《气候变化》(Climatic Change)杂志上。该论文是阿克巴里跟同事苏拉比·梅农(Surabe Menon)以及加州大学伯克利分校的物理学家阿瑟·罗森菲尔德(Arthur Rosenfeld)的共同成果,其中罗森菲尔德还是加州能源委员会的委员。3位科学家都参加了劳伦斯伯克利国家实验室的热岛效应工作组(Heat Island Group),该工作组曾发表许多有关屋顶和路面如何使市区温度升高的研究资料。

阿克巴里和罗森菲尔德表示:他们将努力说服联合国,组织主要城市改建屋顶,重铺路面。

"我把这项活动称为'一举三得'",阿克巴里说,"首先,凉爽的环境不但节省能量,而且更加舒适;其次,使一个城市降温会大大减少烟雾;第三,有助于抵消全球变暖的趋势。"

编者注:文中的一些数据是如何计算得到的,没有说明。例如说世界100个主要城市铺白色屋顶就可以减排相当于440亿吨温室气体,因为目前全世界每年排放的温室气体还不到100亿吨。但文中的道理是对的,效果肯定也是有的。

《世界科学》2008(11)

留住"天赐之水"

马立强

我国是一个水资源相对缺乏的国家。水资源年内年际变化大，降水及径流的分配集中在夏季的几个月中；连丰、连枯年份交替出现，造成一些地区干旱灾害出现频繁和水资源供需矛盾突出等问题。我国水资源总量28000多亿立方米，居世界第6位，但是人均水资源占有量只有2300立方米，约为世界人均水平的1/4，全国水资源的81%集中分布在长江及其以南地区，而淮河及其以北地区，水资源量仅占19%。现在，水资源短缺和水环境污染已成为一个越来越沉重的话题。据统计，全国700多座地级以上城市中，有近400座缺水或严重缺水。更有专家指出，2010年后，我国将进入严重缺水时期。2030年，我国将缺水400亿立方米至500亿立方米，缺水高峰将会出现。

然而，当你在淅沥小雨的伞下悠闲散步，或者在倾盆暴雨的屋檐下抱怨的时候，你有没有想过，这些珍贵的"天赐之水"都被排入沟渠河流中，从干渴的城市中白白流走了，为什么不能把它们收集起来供我们利用呢？

国外雨水利用

雨水的收集和利用并非新鲜事。人们对雨水的利用可追溯到公元前6000多年的阿滋泰克和玛雅文化时期，我国秦汉时期已

有修建池塘拦蓄雨水用于生活的记录,西北地区水窖的修筑已有几百年的历史。而真正现代意义上的雨水收集利用,尤其是城市雨水的收集利用,是从20世纪80年代到90年代约20年时间里发展起来的。这一课题正好是解决了缺水、环境、生态等问题的方法之一。

近20年来,美国、加拿大、德国、法国、墨西哥、印度、以色列、日本、泰国等40多个国家和地区在城市和农村开展了不同规模的雨水利用工程。

德国:多种途径用雨水

德国在20世纪80年代末提出建立雨水的"截留—处理—利用"体系,并尽可能利用地形地貌和天然设施对雨水进行集蓄,减少地面流量,减轻洪水对城市的危害。德国现已进入将雨水利用设备化和标准化的发展时期,并颁布了《屋面雨水利用设施标准》。

在德国,城市雨水利用方式有三种:一是屋面集蓄系统。收集下来的雨水主要用于家庭、公共场所和企业的非饮用水。比如,法兰克福一家苹果轧汁厂将绿色屋面雨水作为冷却循环水源。二是雨水截污与渗透系统。道路雨水通过下水道排入沿途大型蓄水池或通过渗透补充地下水。三是生态小区雨水利用系统。小区沿着排水道建有渗透浅沟,表面植有草皮,供雨水径流流过时下渗。超过渗透能力的雨水则进入雨水池或人工湿地,作为水景或继续下渗。

另外,德国还制定了一系列有关雨水利用的法律法规,对雨水利用给予支持。如目前德国在新建小区之前,无论是工业、商业还是居民小区,均要设计雨水利用设施,若无雨水利用设施,政府将征收雨水排放设施费和雨水排放费等。

法国:放跑雨水收你费

法国政府的节水要求十分严格,在这里,你只要一抬头,就可以看见楼房屋檐下的集雨管。下雨时,集雨管将屋顶的雨水引

入地下蓄水池，过滤净化处理之后，就可以作为厕所等二类生活用水使用。法国一些地方还制定了有关雨水利用的地方法规，规定新建小区必须配备雨水利用设施，否则将征收雨水排放费。

丹麦：居民用水 22% 靠天降

过去丹麦供水主要靠地下水，导致一些地区含水层开采过度，丹麦于是开始充分利用雨水。雨水经过收集管底部的预过滤设备，进入贮水池储存。使用时利用泵经进水口的浮筒式过滤器过滤后，用于冲洗厕所和洗衣服。每年能从居民屋顶收集 645 万立方米的雨水，相当于居民用水量的 22%。

美国：强制"就地滞洪蓄水"

美国的人口和经济在增长，用水量却在减少，其中一个重要原因是循环利用雨水、洗澡水等"废水"。美国的雨水利用大多以提高天然入渗能力为目的。如美国加州富雷斯诺市的地下回灌系统，其年回灌量占该市年用水量的 20%。很多城市还建立了屋顶蓄水和由入渗池、井、草地、透水地面组成的地表回灌系统。为了充分利用雨水，美国还制定了相应的法律法规。如科罗拉多州、佛罗里达州和宾夕法尼亚州分别制定了《雨水利用条例》。这些条例规定，新开发区的暴雨洪水洪峰流量不能超过开发前的水平。所有新开发区（不包括独户住家）必须实行强制的"就地滞洪蓄水"。

澳大利亚：透水砖铺上人行道

在澳大利亚很多新开发居民点附近的停车场、人行道上，人们铺设了透水砖，在地下修建蓄水管网。雨水收集后，先被集中到第一级人工池里过滤、沉淀；然后，在第二级池子里除去一些污染物；最后在第三个种有类似芦苇的植物并养鱼的池塘里进行生物处理，也就是让池塘中的动植物吃掉一些有机物。经过这三道工序后，雨水就被送到工厂作为工业用水直接利用。

日本：公共建筑群须建雨水下渗设施

在日本一些城市的建筑物上，人们设计了收集雨水的设施，

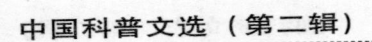

将收集到的雨水用于消防、植树、洗车、冲厕所和冷却水补给等，也可以经过处理后供居民饮用。目前，越来越多的日本地方政府响应在首都中心建立"微型水库"的号召，已先后在国技馆、日本电视台和上智大学图书馆等1000多个场所建立了微型水库。这对防止排水不及而造成的城市道路积水也起到了有益的作用。

国内雨水利用

中国雨水利用历史悠久，例如黄土高原上的渭北地区，人们在雨水集中流经的地方建造涝池和水窖，涝池形如大锅，供牲畜饮用，水窖是大肚子井，一口井一般可供几户人家饮用。这类蓄水设施特别适用于雨季既短而又有暴雨的中国北方地区。如今，甘肃实施的雨水集流工程，利用水窖技术，解决了130多万人口和120万头牲畜的饮水问题；宁夏的窖水工程和陕西的甘露工程除利用窖水作为水源外，还增加了对水源的输送、改造，并开始了集中供水管道配水入户等。

另外，在缺乏淡水的海岛上，雨水也渐被人们所重视。我国海岛雨水利用最成功的地方是山东省长岛县。长岛县位于渤海之中，全县32个岛屿均无地表水，近年来年平均降水量仅为400毫米。因长期过度抽取地下水，10多米深的老井基本干涸，近50%的机井也是半枯状态。且因海水倒灌，井水水质越来越差。用这种水煮出的饭不结块，洗发后头发发黏，洗衣服不掉污垢。更严重的是，苦咸水对人们的身体造成很大的伤害，比如引起高血压、肝功能异常等。1988年县水利局水利技术站开始进行屋檐接水的试验，1991年起全县开始推广。如今，许多用户还采用麦饭石过滤或浸泡技术，使水中离子含量增加，水质甚至可和矿泉水媲美。

迄今为止，我国雨水利用规模最大的工程是甘肃省的"121

雨水集流工程"。1995年7月12日，甘肃省决定实施"121雨水集流工程"；在1995～1996年两年内一次性解决靠吃窖水的25万户120万人的饮水困难问题。所谓"121雨水集流工程"是指，在一无地表水，二无地下水，因而不得不把天然降水蓄集起来供人畜使用的地区里，在农户院子中砌100平方米左右的水泥集流场，挖两口淡水窖，发展1亩左右的庭院经济。从部分地区的试点看来，由于它造价低、见效快和经济实惠而普遍受到农民欢迎。

20世纪90年代后期，我国开始研究城市集蓄雨水的收集与利用。城市雨水利用技术的应用主要有两个方向。

一是"缺水型"城市的雨水利用。在一些资源型缺水和水质型缺水城市，限于城市供水形势的日趋严峻，和中水回用技术一样，雨水利用也逐步受到了关注，例如一些沿海城市，如大连、天津、上海等。目前，发展最好的城市是北京。据《中国水务》报道，北京将雨水作为城市的第二水源，以政策性规定，自2005年1月开始，城市园林绿化道路冲洒、建筑降尘、景观等用水不得使用自来水，必须使用中水或雨水，鼓励建设雨水利用设施，启动替代水源工程。

二是"丰水型"城市的雨水利用。与缺水型城市相比，有些城市的供水水源并不缺乏，因此，对本地雨水利用的研究和应用的目的并不仅限于节水上，而是"未雨绸缪"，降低居民的日常用水费用。比如南京目前正大力推广"雨水回用、中水利用技术"，将雨水用于绿化、灌溉景观、冲洗河道、洗车等等。

如何留住雨水

雨水回收利用，对我们这个水资源严重短缺的国家来说，无疑是一条节约用水的重要渠道。

目前我国常见的城市给排水系统，是从城市附近的水源取水，经过一定的净化处理后，通过城市给水管网供给用户；使用过后的生活污水、工业废水和城市雨水则人为地引导到各种地面不透水通道和地下排水管网，最后排入河流。然而实践证明，传统的城市给排水系统（包括污水系统和雨水系统）存在诸多弊端。而对现有的排水系统进行改造，就可以起到收集雨水的目的。

收集雨水首先要有一个集水面，再配一套输水管，最后是蓄水池。收集雨水的系统并不复杂，投入最大的是蓄水池，其次是输水管。就目前的条件而言，收集屋顶的雨水，集水面也有，输水管也有，缺的只是蓄水池。而建蓄水池也并不是一件很复杂的事，只要在每栋房前的花园或绿地底下建一个蓄水池，上面留一供取水和清扫池底垃圾的口，顶上覆盖土并种上绿化植物即成。这样的蓄水池还可以和人防建筑相结合，一方面满足了人防的建设指标，另一方面又增加了一条收集利用雨水的投资渠道。

另外，高速公路也是收集利用雨水的好场所。只要在高速公路的边上每隔一定的距离建一蓄水池，再把各个蓄水池串联起来，把一个个分散的小蓄水池变成一个统一的蓄水系统，结合高速公路的绿化带的用水，这样就可以方便地收集和取用雨水。

雨水收集后的处理过程，与一般的水处理过程相似，唯一不同的是雨水的水质明显的比一般回收水的水质好，依据试验研究显示，雨水除了pH值较低（平均约在5.6左右）以外，初期降雨所带入的收集面污染物或泥砂，是最大的问题所在。而一般的污染物（如树叶等）可经由筛网筛除，泥砂则可经由沉淀及过滤的处理办法加以去除。

目前，联合国极力推荐发展中国家实施雨水收集利用。收集雨水、修补破损水管等措施，耗资不多，但却对在实现联合国2015年前改善发展中国家供水状况的目标方面大有帮助。在屋顶收集的雨水可以缓解缺水者的"燃眉之急"。据联合国有关方面估计，仅在亚洲实施收集雨水措施，就能够使20亿人受益。

知识链接
德国的生态小区雨水利用系统

建于柏林市的某小区雨水收集利用工程，将160栋建筑物的屋顶雨水通过收集系统进入三个容积为650立方米的贮水池中，主要用于浇灌，将溢流雨水和绿地、步行道汇集的雨水进入一个仿自然水道，水道用砂和碎石铺设，并种有多种植物。之后进入一个面积为1000平方米、容积为1500立方米的水塘（最大深度3米）。水塘中以芦苇为主的多种水生植物，同时利用太阳能和风能使雨水在水道和水塘间循环，连续净化，保持水塘内水清见底，形成植物鱼类等生物共存的生态系统。遇暴雨时多余的水通过渗透系统回灌地下，整个小区基本实现雨水零排放。

编者注：城市雨水利用工程，实际上不仅起到蓄水的作用，而且还起到了暴雨时削洪，以及减小城区可能积水的作用。化（洪涝）灾害为资源，善莫大焉。

《科学大众》2006（9）

话说西北内陆区的高山

陈昌毓

贺兰山—乌鞘岭—日月山—布尔汗布达山—昆仑山一线以西和以北的广大土地，是我国西北内陆地区。这里的边缘主要分布着贺兰山、阿尔泰山和昆仑山，其内部主要分布着天山、阿尔金山和祁连山。

西北内陆区的高山，以其各具特色的自然景观，丰富了干旱盆地和平原本来较简单的自然界，并且具有显著的资源、环境和生态意义。

高山是巨大的"湿岛"和水源地

西北内陆区位于亚洲腹地，远离海洋，被高山环绕的准噶尔、塔里木和柴达木3个大盆地、两山夹峙之中的河西走廊和阿拉善高原，降水稀少，气候干旱，呈现出干旱荒漠自然景观。

但是，西北内陆高山区由于高大山体对气流的动力抬升作用，其降水较丰沛。阿尔泰山山区年降水量大约为300~400毫米，为其南部准噶尔盆地年降水量1.5~4倍；天山山区降水量400~500毫米，分别为塔里木盆地和准噶尔盆地的4~17倍和2~5倍；祁连山山区年降水量150~600毫米，为河西走廊的3~5倍；柴达木盆地南北山区年降水量200~300毫米，为盆地的3~12倍。各个高山区的年降水量的等值线大致呈闭合环状分

布，中心为高值区，因而高山区成为一个巨大的"湿岛"。

西北内陆高山区的降雨和降雪，大多数被森林草原带、灌丛草原带和草甸草原带接纳涵蓄起来，形成了巨大的"绿色水库"。在海拔 4100~4200 米以上的高山地带，因气温降低水呈固体形态，未及消融的积雪逐年累积，经过成冰作用发育为冰川，使这里终年被几米甚至数十米厚的积雪和冰川所覆盖，形成了巨大的"白色固体水库"。

据统计，西北内陆高山区共有现代冰川 16026 条，其面积共计 18509.88 平方千米，储冰量达到 1896.11 立方千米。其中，除 2373 条冰川、2022.66 平方千米冰川面积和 142.18 立方千米储冰量归属伊犁河流域，融水最终流入哈萨克斯坦外，其余全部归属准噶尔、塔里木和柴达木 3 大盆地以及河西走廊等干旱盆地和平原。

西北内陆高山区较多的降水和冰雪融水，使山区成为山下干旱盆地和平原的径流形成区和巨大的水源地。发源于山区的大小内陆河流共有 400 余条，其中流向柴达木盆地的有 45 条，流向河西走廊的有 57 条，其余 300 多条绝大多数流向准噶尔和塔里木两大盆地。这些河流平均每年向盆地和平原输送约 900 亿立方米的地表水，其中准噶尔盆地 156 亿立方米，塔里木盆地 388 亿立方米，柴达木盆地 51 亿立方米，河西走廊和阿拉善 70 亿立方米，约有 235 亿立方米流出国外。

西北内陆干旱区这些水资源，是其最为珍贵的自然资源，水流到哪里，绿色就会延伸到哪里。在各条内陆河流的两侧和尽头，受山水滋润的荒漠土地，就会逐渐演变成许多呈串珠状或片状分布、水草丰美的绿洲。

在新疆北部，绿洲主要分布在准噶尔盆地的边缘，特别是在天山北麓的洪积冲积平原地带最为集中，面积最大；南疆的绿洲主要分布在塔里木盆地的北缘和南缘的西段。此外，在伊犁河谷、吐鲁番盆地和哈密盆地也有较大面积的绿洲分布。新疆的绿

洲面积虽然只有6万平方千米，但这里却集中全新疆90%以上的人口和工农业产值。

河西走廊大小绿洲总面积约为1.93万平方千米，断续分布在祁连山的北麓，约占河西走廊面积的10%。这里是甘肃省著名的商品粮基地，每年生产的粮食占全省的30%以上，提供的商品粮占70%以上。

柴达木的绿洲主要分布在其北缘、东缘和南缘，面积较小，只约有0.56万平方千米，约占柴达木盆地面积的2.2%。由于这里海拔高达2600~3000米，气温较低，适宜种植春小麦、青稞、油菜等喜凉农作物，其中春小麦是我国单产最高的地区。

我国西北内陆干旱沙漠拥有广阔富庶的绿洲，为什么同样为干旱大沙漠的撒哈拉、阿拉伯半岛和澳大利亚中部却没有大面积的绿洲呢？主要原因是这些地区没有众多的高大山脉。

高山丰富多彩的自然景观

高山从山麓至山顶，气温自下而上垂直递减，降水量在一定范围内随海拔升高而垂直递增。在不同的高度带上具有各自的水、热组合特征，结果导致形成不同的垂直气候带。在不同的垂直气候带内，植被、土壤等各不相同，因而形成了不同的垂直自然景观带。这种现象是所有山地普遍存在的规律。

西北内陆区不同的高山，其垂直景观带植物种类等各不相同。雨雪和冰川较多，垂直景观带极为明显。以位于北天山的乌鲁木齐附近为例，海拔1500米以下为山地草原和荒漠草原；1500~2200米为森林草原，主要树种雪岭云杉；2200~2800米为亚高山草甸；2800~3200米为蒿草草甸，是很好的夏季牧场；3200米以上的山区只生长着雪莲和垫状植物，这一植物带以上就是冰雪带。

祁连山东中段北坡的垂直观景带与北天山不同，海拔2000~

2500米为荒漠草原和山地草原；2500～3200米为森林草原，阴坡分布着青海云杉，阳坡分布着祁连山圆柏；3200～3700米为亚高山灌丛草原，阴坡主要分布着杜鹃和山柳灌丛，阳坡主要生长着金腊梅灌丛；3700～4100米为高山草甸和垫状植物，再往上就是冰雪带。

很显然，西北内陆高山区的生物资源和自然景观，远较山下干旱区丰富得多，它是干旱区的资源库、物种库和森林、草原的主要分布区。新疆林业用地中，山地占61%，木材蓄积量占91%；山地草场面积和载畜量分别占全新疆的55%和75%，这就是明显的例证。

对西北内陆山地的开发建设，必须以垂直景观带为基础，因地制宜地安排农、林、牧各业生产。同时，考虑到山地与山下干旱区之间密切的地理关系，人类这些生产活动都应以不加剧水源破坏、土壤侵蚀、环境污染和生态恶化为前提。

高山是地形和气候的界线

西北内陆区的高山，或者对确定干旱区范围起着重要的作用，或者在干旱区内部的地域分布差异中发生影响，其自然地理意义是十分显著的。

贺兰山是阿拉善高原与宁夏平原以及我国东部季风区与西北干旱区的分界线。此山地处西北干旱区的东部边缘，其东坡为东亚季风的迎风坡，降水量的垂直递增削弱了我国自东南向西北降水量水平递减的趋势，降水量较多，其中山带尚可发育森林。

天山山地分割了塔里木和准噶尔两大盆地，同时也是西北区干旱暖温带与干旱中温带的分界线。该山脉南北盆地的天然植被、果树种类明显不同，甚至农业生产也有差异。

昆仑山—阿尔金山—祁连山的北侧面对西北内陆干旱盆地和平原，南侧向青藏高原逐渐过渡，其两翼呈明显的不对称状态。

此外，阿尔泰山是蒙古西部大湖洼地与我国新疆准噶尔盆地的界山。昆仑山东段北面是青藏高原上海拔相对较低的柴达木盆地，气候属于高原温带，其南面是青藏高原腹地的高山群，气候属于高原亚寒带和寒带。阿尔金山是塔里木与柴达木两大盆地的界山。

高山多样化的天然旅游资源

特定的区域自然地理特征，决定着自然旅游资源的地域组合。西北内陆干旱区的旅游资源，以人文旅游资源为主，闻名遐迩的高昌、交河、楼兰、米兰、民丰、锁阳、骆驼等古城（堡）以及香妃墓、苏公塔、坎儿井、葡萄沟、莫高窟、玉门关、阳关、嘉峪关、明长城等等，均属于承载了千百年往事的文化景观之列。即使是乌尔禾和玉门关外的雅丹"魔鬼城"、敦煌鸣沙山和月牙泉之类的自然风光，也因为附会了若干神话传说而被赋予了人文景观的色彩。

作为湿岛，同时又是"绿岛"的西北内陆干旱区的高山，其特殊的地貌、气候现象、动植物、水体形态和水文现象，均可构成旅游资源。加上山的空气清新、水质洁净，确实是登山、游览、避暑、狩猎、疗养和度假的理想场所。

自然景观的垂直带性分布差异，使得山地不同高度范围展现出各具特色的自然美景。高山带的雪峰和冰川景观雄伟、粗犷、壮丽；中山带的森林、神奇的湖泊和瀑布、丰美的草原以及罕见的珍稀动植物，令人神往和流连忘返；低山带多石刻、古建筑、古墓葬和历史文化遗迹，与自然风光紧密结合。山地各种观赏内容相互映衬、交融，增强了它的旅游功能，提高了它的价值，恰到好处地弥补了山下盆地和平原自然旅游资源相对单调、贫乏的缺陷。

《气象知识》2006（5）

霜非利刀　露是甘霖

李瑞生

霜和露是一种常见的天气现象。霜是指当地面或地面物体的温度下降到0℃以下时，水汽凝华在地表或地面物体上的白色松脆冰晶体。露是指在夏秋的夜晚或清晨，水汽凝结在地面或地面物体上的小水珠。它常出现在大气比较稳定、风小、天气晴朗的夜晚，大地以辐射形式向大气放出热量，地面温度逐渐下降，近地层的空气温度也随之下降，当温度降到露点温度以下时，空气中的水汽便凝结在物体表面形成了露。霜和露都是水汽的凝结物，只是凝结露时的温度在0℃以上，凝华霜时的温度在0℃以下。有一句俗话说："霜似利刀，露是甘霖"，指的是霜会给农业生产带来危害，把霜称为冻死作物的罪魁祸首，而露则是"雨露滋润禾苗壮"，因而获得了人们很多的赞美之辞。实际上这句俗语只说对了一半，露是甘霖不假，而霜绝非利刀。

霜非利刀

要弄清作物受冻是否是霜造成的，首先要明白作物受冻致死的原因。作物植株是由许多细胞组成的，细胞内外多是水分，当温度下降到0℃以下时，细胞间的水就会结冰，在急剧降温时还会引起作物细胞内的水分结冰。因水结冰后体积增大，会破坏细胞结构，使细胞中的原生质变性，水分散失，从而导致作物

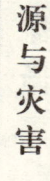

死亡。

而水汽凝华成霜是一个放热过程。据科学测定，1克0℃的水汽变成同温度的霜时，会放出2793.85焦耳的热量，大地普降浓霜，放出的热量难以计数。由此看来，水汽变霜对作物受冻实际是起了缓冲作用，并且作物披上"霜衣"，不再直接暴露在大气中，使许多耐寒作物在浓霜之后仍能继续生长。我们不妨做一个试验，把两片小麦叶子分别放入两只低温箱，其中一片覆盖浓霜，并把存放无霜麦叶的低温箱排净水汽，然后同时降温至零下15℃，保持4小时，待取出两片麦叶后可以发现，不带霜的麦叶萎蔫凋零，冻害严重，而带霜的麦叶仍新鲜如初。这个试验充分说明了霜对作物的保护作用，因此说"霜似利刀"，实在是不公平。

真正使作物遭受冻害的，是下霜时的低温冷害在作怪。当气温降到冰点以下时，冷害的"魔掌"便向植物细胞扑来，使细胞结冰，破坏细胞结构，使细胞原生质脱水，失去生活机能，这才是作物受冻的根本原因。

露是甘霖

露水又称"甘露"，它既对作物生长发育有促进作用，又对人体健康十分有益。

研究表明，露水中几乎不含重水，因重水对所有生物的生命活动有抑制作用，因而露水可使作物生长发育加快。露水在水滴凝结过程中，一些飘浮在空气中的氮化物和微量元素等就溶解在露水里，沾在叶片上被作物吸收利用，起到了叶面喷肥的效果。在少雨干热的地区和季节，露像雨一样滋润作物和土壤，特别是有利于作物复苏。一个晚上的露水量相当于0.1~0.3毫米的雨量，多时可达1毫米，这相当于夜间下了一场零星小雨。所有这些说明，露水对作物生长很有好处，正可谓"雨露滋润禾苗壮"。

露水对人体保健还有神奇妙用。化学家认为,组成露水的氧和氢原子结合的"共价键"发生了微妙的变化。生理学家认为,露水有某种生理活性。营养学家认为,露水含有植物分泌出的对人体有益的化学物质,加之所含重水少,因而对人体健康有益。《中国医学大辞典》中说露水能"养阴扶阳,滋益肝肾,去诸经之火,甚为有效"。我国民间也有用露水洗眼,消除眼部红肿的验方等,但要注意在无空气和农药污染的地方采集露水。

编者注:白霜冻害庄稼的误解已经几千年,几乎是自有农业以来就有的。我称之为"霜的千古奇冤"。因为实际凶手是低温,只要气温在零下,不管有没有白霜作物同样也会受到冻害(农业上称无白霜的农作物冻害为黑霜)。

《气象知识》2001(6)

云冈大佛会消失吗

李国英

　　云冈石窟位于山西省大同市西郊 16 千米的武周山南麓。始建于公元 453 年的中国北魏兴安二年，距今已有 1500 多年的历史。石窟最早是由鲜卑民族开造起建。北魏太武帝时，来自凉州即今天的甘肃武威的三千僧人到达平城（今大同）后，开始大兴土木，中国北部佛教骤然兴起。后来，太武帝改信道教，佛法被废七年之久。452 年文成帝即位，下令"复法"。一名叫做昙曜的大和尚提出，改奉"皇帝即当今如来"，将帝佛合一。文成帝欣然答应，任命昙曜负责武周山石窟的开凿。昙曜以太祖以下五帝为楷模，雕凿了五尊佛像，这就是著名的"昙曜五窟"。洞窟依山而凿，在东西绵延 1 千米的石壁上，佛龛如蜂窝密布，大、中、小窟疏密有致，到处都可见到石佛、石菩萨、石人、石马、石刻绘画。云冈石窟现存 53 窟，造像 5.1 万余尊，最高大佛达 17 米，最小的仅 2 厘米，他们或居中正坐，或击鼓敲钟，或手捧短笛载歌载舞，或怀抱琵琶面向游人，众佛像神态各异，栩栩如生。在雕刻艺术上承秦汉之风，也融会了印度犍陀罗佛教的艺术精华，堪称公元 5 世纪石雕艺术之冠，被后世誉为"中国古代雕刻艺术的宝库"。

历代战争的破坏

大佛们喜欢宁静,这里果真安宁吗?云冈石窟开凿1500年以来,经历了人为和大自然的种种磨难。释迦牟尼"佛法无边",但在人类的战火硝烟面前,却显得束手无策。从北魏王朝灭亡后,这片净土战火时隐时现。据《金碑》载:"亡辽季世,盗贼群起,寺遭焚劫,灵岩栋宇,扫地无遗。"辽末石窟遭受火灾,十寺俱毁。金代晚期,使原本衰微的石窟寺日益萧条,蒙古大举"兵火已来,精刹名蓝率例摧坏";明嘉靖年间,整个石窟被截为三段,彻底破坏了北魏以来依山凿窟、傍窟建寺的传统布局。从此,云冈的西半壁石窟沦为兵营、马厩;清代,废云冈堡,西部石窟变为贫寒村民的居址。人们会说,那是古代封建王朝愚昧无知和战争的结果,但到了现代,情况又会怎样呢?让我们再看看现代文明给云冈带来了什么!

工业污染的破坏

到了20世纪,这片净土又沸腾了。隆隆的机器轰鸣声再一次打破了佛国的宁静。粗壮高大的烟囱吐着浓烟,车轮卷起的喧尘吞噬了大佛的尊容,竟然不给他们留一丝一毫的空间。煤尘在这里疯狂肆虐,现代文明与古老文明在这里显得格格不入,表现出了极大的不和谐。尤其进入21世纪,这块神奇的大地卷起了一场掠夺资源的狂潮,迅猛而持久,成千上万的人从四面八方进入这片黑色的世界。

云冈石窟所在的云冈沟是当地主要的煤矿所在地,周边除了国有大型煤矿外,还有100多个被当地人称作"黑口子"的煤窑。运送煤炭的卡车川流不息,每天就从石窟旁边的道路驶过。离这座石窟仅仅200米的地方,就是不堪重负的109国道。繁重的煤运,每天车流量数以万计。从超载臃肿、被压得变了形的大卡车上不时掉下来成堆成片的煤粉煤块,随风起落,吹散在空中,吹落在大佛们的身上,从此,大佛披上了厚厚的黑色袈裟。大同市环保局一位人士无奈地半开玩笑,在大同这个地方即使是神仙也要改变颜色。

如果说煤粉改变的是大佛的面容,那么是什么又使大佛病入膏肓?

煤粉污染了空气,空气污染了天空,天空污染了雨水,雨水污染了大地,侵蚀了大佛。在这个四处污染的王国,形成了一条黑色的污染链,年复一年,循环往复。不仅如此,火电厂、大小型煤矿,还有密密麻麻地排列着的外地窑工居住的小平房,林立的烟囱向外喷吐着罪恶的黑烟,云冈大佛四面楚歌。

罪恶主要来自二氧化硫、工业粉尘和粉尘中的金属元素,其含量严重超标。在有水分的环境中,通过金属离子的催化作用,二氧化硫易生成硫酸或酸性物质,再与石质文物表层中碳酸钙作用,生成硫酸钙,最终导致风化侵蚀,对石质文物表面就会造成毁容性的破坏。

烟雾是污染物在空气中的罪恶之首。大同市的烟出现的日数在70年代之前不到百天，进入70年代之后，明显增加，到1986年达到了顶峰，一年中烟雾的日数达到了248天，即全年有2/3的时间大同市笼罩在烟雾的污染之中。到了90年代，由于政府加强了对污染的治理，烟出现的日数有了明显的减少，即便如此，大同市环境监测站对云冈石窟地区1993年到2001年的大气中的二氧化硫含量进行了测定，8年二氧化硫的平均值超过国家规定标准的2.4倍。有关专家计算表明，由于各种气象灾害和现代工业制造的酸雨腐蚀、煤尘和风沙污染，云冈石窟正以10年等于100年的速度老化，这个数字令人震惊！

气候变化的破坏

多灾多难的大佛，除了战争的破坏和人为的污染，还有自然的罹难！进入20世纪80年代，全球气候变暖成为全球的热门话题。50多年来，大同市平均气温偏高了1.5℃。气候变暖使气象极端事件增多。2006年一次强寒潮天气，气温从4月10日17时的25.1℃到11日16时骤降到零下4.8℃，24小时之内气温下降了29.9℃，这在历史上十分罕见，在这么短的时间内，气温发生这么大的变化，对石窟的损害是显而易见的。

风的侵蚀不可低估。每年冬春两季，强烈的西北风夹杂着大量沙尘就像砂纸一样，无情地磨蚀着大佛表面。气象专家深有感触地说："风的这种作用，在地质学上称为'风蚀'，它可将风口处的岩石剥蚀成窝洞或内空，对仅有几毫米的雕刻沟槽来说，尤其容易被蚀掉。许多石窟是露天的或半露天的，没有任何可以遮风的屏障。一年四季，不论哪个方向的风，在山崖形成一股强大的回旋气流，就可造成石窟风蚀。"

自然降水，包括雨雪等，对云冈石窟的危害也是很明显的。石窟外壁面裸露，经雨水冲刷，外壁雕刻遭受风化更加严重。气

象专家指出，五华洞窟前列柱已经被风化得越来越细，不一般齐整，柱顶和窟顶相互分离严重。因风格华丽而著称的五华洞，此时一些外壁雕刻已荡然无存，难寻踪迹。

　　雨水渗透的危害也是显而易见的。窟顶松散层厚度为1~6.6米，由于松散层降水入渗条件较好，大多数雨水渗入石窟。水与岩石长期而缓慢的相互作用，尤其是酸雨可以造成云冈石窟的风化。据统计，云冈现有的45个主要洞窟中，有渗水记录的就有21个。水中的酸碱物质对岩石会有一定的溶解作用，因而使岩石表面结构越来越松散。水在冬季对刻石造成的破坏更是不可小视。当覆盖着刻石的积雪融化后，雪水沿石缝间隙向里渗入，一时又蒸发不出去，当气温再度降低时，石隙中的水凝结为冰，岩石则直接受到冰体膨胀撑力的作用，使刻石内部晶体粒的位置发生变化，空间位置发生移位，不仅使原有的裂缝加深，还会使刻石发生变形，甚至出现坍塌。

天人合一的抢救

　　早在1961年3月，国务院就公布云冈石窟为全国重点文物保护单位；同年10月，成立了山西大同云冈石窟保护委员会；次年，开始对云冈石窟进行试验性加固工程；1973年9月15日，周恩来总理指示，要在3年内修好云冈石窟，要求按照"抢险加固、排除险情、保持现状、保护文物"的原则保护、维修云冈石窟。其间对一些主要洞窟进行了大规模的抢险加固。三年中，抢救了一大批濒临坍塌的洞窟。半个世纪以来，石窟的稳定性正在逐步解决。

　　1978年3月，对云冈石窟实施了围岩灌浆加固工程；1992年4月，中央、省、市共同投资人民币1000万元，开始实施治理云冈石窟风化方案。1994年11月29日，为了从根本上解决这个问题，国家与山西省文物部门决定让109国道实施改线工

程。国家拨 2.6 亿元巨款，在距离石窟 1500 米以外，建设一条全长约 30 千米的运输新线，同时将原有公路开辟为旅游专线。国道为文物保护改线，这在新中国历史上还是第一次。

109 国道改线后，对于云冈石窟的保护，起到了有效的作用，延缓了煤尘腐蚀佛像的程度。针对渗水对石窟的破坏，专家采取了降低窟前地面、疏导排水、防止雨水倒灌及毛细水上升等一系列重要措施来保护石雕。这些工程的实施，既根治了因水蚀而造成的洞窟底部雕刻的风化，又消除了石窟游览区因游客参观行走而引发的尘埃污染，同时也改善了石窟游览区的环境面貌。

1995 年，科学工作者在山顶明城堡内实施了石窟顶部防渗排水试验研究工程，在不破坏原有植被保护自然地形地貌的情况下，垫高低洼蓄水地带，打通阻水脊梁，将水送至堡南专设的排水明渠，按预定方向排走。这一系列保护工作的开展使得云冈石窟再一次重获新生，大量文物免遭破坏，人类通过科学手段再一次从自然手中夺回这珍贵的石雕宝库，那些被冲刷掉的记忆似乎渐渐地清晰起来……

2002 年 2 月 4 日，国家文物局和山西省政府在太原联合召开"云冈石窟防水保护工程会议"，成立云冈石窟防水保护工程管理委员会，云冈石窟防水保护工程正式启动。2005 年 11 月，国家文物局重点科研课题"工业粉尘对云冈石窟石雕的影响"彻底探明了石质风化的机理。人们想尽一切办法，用尽了一切努力，无论是现代科技的，还是古老原始的，逝去的大佛虽然无法起死回生，但现存的大佛暂时停止了衰老的进程。

编者注：本文收入时有删节。

《气象知识》2006（6）

贵州阳光被"偷"刍议

曾居仁

今年 7 月 25 日上午,家住贵州省黔西县绿化乡天平村吴家大寨一位年近花甲的吴姓老人上街卖李子。看到他的李子个大霜(表层)多,十分新鲜,大家都围了上去。可是尝了以后有些惋惜:"好是好,就是味道有些淡,没有往年甜。""这不能怨我啊,近些年来的味道都是这样啊!"老人一边称秤收钱,一边这样解释。"是不是什么东西把你们那里的太阳光偷了?"有的市民这样开玩笑。吴老汉的李子甜味变淡的确与当地"太阳光被偷"有关!

贵州省山地环境气候与资源重点实验室研究结果表明:贵州境内日照时数从 20 世纪 40 年代开始呈现逐渐增加趋势,1963 年达到极大值,之后开始持续下降。特别是自 20 世纪 80 年代以来,贵州省内日照时数减少趋势明显,并自 90 年代开始发生了突变现象。看来,贵州的阳光的确存在被"偷"现象。

贵州日照时数减少趋势

太阳辐射是地球上一切能量的主要来源,它的变化对大气热力状况、植物生长以及人类活动都有显著的影响。太阳从出现在某地的东方地平线到进入西方地平线,其直射光线在无地物、云、雾等任何遮蔽的条件下,照射到地面所经历的时间,称为

"可照时数"。太阳在一个地方实际照射地面的时数,称为"日照时数"。日照时数以小时为单位,可用日照计测定。日照时数与可照时数之比为日照百分率,它可以衡量一个地区的光照条件。

由于贵州地处典型的喀斯特地形地貌地区,绝大部分地区为山地,地形复杂,立体气候明显,日照时数空间分布特征也较复杂,大致呈现西北、西南部多,东北部少的分布状态;平均值在1600~1100小时,最高值出现在黔西北地区的威宁县和黔西南州的兴义县以及盘县的部分地区,自西向东逐渐减少,低值区出现在铜仁地区和遵义市的部分地区,在1100小时以下。

贵州全省日照时数变化最快的区域是境内的中偏西部;其次是境内的西北部、遵义市的西北部,铜仁大部和黔东南大部。变化较小的区域主要集中在西南部与滇桂交界的边缘地区、安顺与毕节的部分地区、贵阳市以东的条形地带和铜仁与遵义的交界地带。

根据有关资料分析研究得出,贵州境内83个气象台站45年

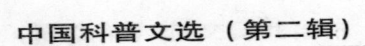

来日照时数的具体变化情况是：除织金、修文、盘县、从江、镇远、贵定、望谟等7个县气象站基本没有发生较大变化和锦平、天柱两县气象站呈现增加趋势外，其余74个气象台站全部呈现减少趋势，其递减斜率（速度）在144.3小时/10年（息烽）到12.2小时/10年（施秉）之间。特别是自20世纪70年代末开始，贵州日照减少趋势发生突变，主要是在80~90年代，全省日照时数整体性减少明显。以贵州省会贵阳为例，近20年（1985~2005）来的最高值为1130.4小时（1992年），与前20年的最高值1963年比较减少了658.1小时。

其他地区日照时数减少现象

其实，日照时数减少现象并非贵州独有，国内其他省份乃至世界许多地区也有类似情况。有研究表明，自20世纪50年代起，到达地球表面的阳光数量越来越少，结果导致地球一天天变暗。地球上不同的地区，阳光的减少量也不同，但就全球而言，在过去的40多年里，阳光量减少了10%。例如，2005年第5期《知识窗》窦光宇所著的《阳光为何而减少》一文就这样陈述过：科学家发现，抵达地球表面的阳光在近几十年间减少变弱。该文列举了"以色列研究人员在监测1958~1992年间太阳辐射减弱状况时发现，减弱率为每10年2.7%；与此同时，美国哥伦比亚大学的气候学家的另一种分析结果则显示，1961~1990年间的太阳辐射减弱率为每10年1.3%"等例子。

另外，20世纪90年代，在以色列工作的英国科学家格里·斯塔希尔在实验时意外发现，20世纪90年代以色列地区接收到的太阳能量，与50年代相比竟存在着惊人差距——下降幅度高达22%！为解开疑团，格里查找了世界各地关于地表接收太阳能量的记录。结果，在他查找的所有地区都发现了类似现象。20世纪50~90年代，美国地表接收到的太阳能量下降了10%，英

国诸岛下降了16%，苏联地区的降幅则高达30%。就全球范围而言，太阳能每10年便降低1%~2%。格里称这一现象为"全球渐暗"。

在国内，有关日照时数减少的报道并不少见。例如，2004年9月《江南时报》就曾发表《南京全年日照时数40年减少500小时》的报道。文章说："南京全年日照时数呈现出了明显的下降趋势，近40年里，南京人每年晒太阳的时间都在不断减少，目前已达500个小时之多。20世纪60年代时，南京一年的日照时数为2400个小时，而到了目前，年日照时数仅剩下1900小时，城市病'夺去'了南京1/5的阳光。"

日照时数减少原因初步分析

为了寻找贵州日照时数减少的原因，贵州省山地环境气候与资源重点实验室自2005年初开始，组织开展了"贵州近40年日照时数特征及其与云量的关系"课题研究。通过对全省83个气象台站45年来日照时数、总云量和白天总云量的观测数据研究发现：总云量和白天总云量基本没有发生变化，而同期的日照时数变化的幅度值却较大。因此，在白天总云量没有增加、有的地区甚至还略有减少的条件下，日照时数却呈现明显减少趋势，说明云量的变化不是导致日照时数减少的原因。

研究表明，自20世纪80年代以来，由于人口增加和经济增长对能源的需求不断增加，能源的生产量和消耗量不断增大。贵州是产煤大省，燃煤发电、其他工业用煤、民用、取暖等化石燃料的使用量迅速增加，加上近些年来汽车数量的急剧上升，从而导致排入大气对流层的气溶胶大大增多。在太阳直接辐射经过大气层时，因大气气溶胶对太阳直接辐射产生的吸收和散射作用，使大气的透射率减少，削弱了到达地面的太阳直接辐射。目前，我国气象台站日照时数观测主要是使用圆筒式（康培尔斯托克

式）日照计，工作原理是靠太阳光从早至晚通过圆筒左右两边两个小孔照射到筒内涂有感光材料的纸上产生感光迹线来记录日照时数的。由于大气气溶胶的增加削弱了太阳直接辐射，使得早、晚照射到圆筒中的阳光更弱，感光纸不能感光，从而导致日照时数的记录减少。这一结论与《阳光为何而减少》中"这是由悬浮在地球大气中的硫酸盐、黑炭、有机碳、微尘、海盐等微小颗粒的'冷却作用'所造成"相吻合。

另外，以色列、荷兰对"地球变暗"现象研究的结果显示：随着新兴工业国家的崛起，化石燃料例如煤炭、石油、天然气的消费迅猛增长，燃烧时生成的各种气体以及工业污染，向大气中排放了大量粉尘和固体微粒。此外，随着全球变暖、气温的上升增加了云量，光线被大气中的微粒和云层散射，而另外一些烟尘和化学物，例如硫酸盐的微粒会反射太阳光，从而减少了到达地球的太阳辐射。随着云层和微粒的增多，太阳辐射到达地面的量越来越少，地球逐渐变暗。

编者注：本文中的"阳光"实际上有两个概念。一个是日照时数，另一个是"太阳变暗"（太阳热量减弱或太阳辐射能量减小）。两者虽有联系，但却不是一回事，数量也不成比例。因为日照时数是指太阳照射时间变化，太阳变暗是指阳光照射的强度。

贵州在白天云量不减少的情况下，发生日照时间减少。原因除了大气污染之外，应该说还和观测场周围建筑物增加（遮蔽阳光）也有一定关系。这从文中贵州各地日照增减变化的地理分布规律不明显，也可间接看出。

《气象知识》2007（5）

玻璃幕墙大厦隐藏杀机

余秉全

自从1984年我国第一座玻璃幕墙大厦——北京长城饭店落成以来,玻璃幕墙建筑在国内的发展可算是一日千里。自从1990年以来,我国每年仅隐框玻璃幕墙的建筑面积就达150万平方米以上,这使得本来很平淡的城市在五光十色的玻璃幕墙的掩映下放射出绚丽的光彩。可是,来自全国的幕墙玻璃坠落伤人事件一起接一起,对城市居民的安全构成了威胁,而玻璃幕墙潜藏的其他隐患更引起有识之士的担忧。

玻璃幕墙可分为明框幕墙、隐框幕墙、半隐框幕墙和无框幕墙四种,其中只有隐框幕墙的玻璃完全依靠结构胶与框架连接。由于隐框玻璃幕墙从外观上具有整体性,看上去壮观华丽,所以国内外众多著名摩天大楼均采用这种外墙装饰。但是玻璃的安危系于结构胶,而结构胶的使用是有期限的。

据了解,国内玻璃幕墙行业所用的结构胶有效期大部为10年。从1984年至今,已经有许多此类建筑超过了安全期,正威胁着城市居民的安全。

自爆也是玻璃幕墙大厦隐藏的杀机之一。澳大利亚的研究人员对8幢玻璃幕墙建筑物进行了长达12年的跟踪研究。在共计17760块钢化玻璃中,共发生了306例自爆,自爆率为1.72%。玻璃中的硫化镍杂质是导致钢化玻璃自爆的主要原因,并且这种自爆可能发生在生产完成后的任何时候。从技术角度看,目前世

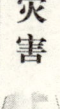

界上最先进的玻璃缺陷自动检测仪也只能检测大于 0.2 毫米的点缺陷，试图在玻璃生产线上将有缺陷的玻璃全部挑出来几乎是不可能的。

在建筑业最为先进的美国，玻璃幕墙建筑物也发生过多次重大事故。例如，1988 年 5 月 4 日，美国第一洲际银行大楼发生火灾，由于玻璃幕墙的抽风作用，在不到 30 分钟的时间里，12 层楼上 1600 平方米的楼面被卷入火海，火焰从窗口窜出，沿着玻璃幕墙外部向上窜去，浓烟同时迅速上升直达屋顶，最终导致 4 层建筑被烧毁并造成人员伤亡。

1971 年建成的 60 层高的美国波士顿约翰·汉考克大厦，是由华裔美籍著名建筑师贝聿铭事务所设计的一幢完全体现了建筑界权威密斯设想的摩天大楼。它以极简洁的造型，纯净地反映周围景色而轰动了整个美洲和欧洲。但不久，事故就发生了。

约翰·汉考克大厦的幕墙，是由总计达 10344 块 1.4 毫米×3.5 米的镜面玻璃与透明玻璃组成的隔热玻璃。建成后仅 2 年，在一次风暴中被吹坏了数十块，碎玻璃落下来又砸坏了一些玻璃。1969 年建成至 1975 年已有 2000 多块玻璃因破碎而由木板代替，美丽的汉考克变得千疮百孔。经过调查，人们发现事故是因结构刚度太差和玻璃强度不足而引起的。随后，贝聿铭事务所决定采取加强中央竖井以增加结构刚度，将隔热玻璃改为单层较厚的回火玻璃（强度高出 4～5 倍）的补救方法。

于是，汉考克大厦似乎又恢复了光彩优雅的仪容。但是，麻烦并未了结，在修复后的几年中，先后又有 55 块玻璃破裂。无奈之下，为了预测哪块玻璃即将破裂，只得专门组织一个监测队，分布在大厦周围的街道上。监测队成员们必须时刻拿着望远镜仔细观察每块玻璃的颜色变化，一时成为波士顿市街道上的趣事。现在，这项工作已由电子传感器代替了。这种传感器是一种约 50 美分辅币大小的薄片，每块玻璃上都贴有一片。这 10344 片传感器随时会将玻璃的内部状态传至中央控制室，一旦有玻璃

出现异常,中央控制室立即会发出指令,并指出其位置,管理人员可迅速将其调换。

但是,玻璃幕墙建筑物对人造成的危害不止于此,光污染当列其首。

建筑幕墙上采用的镀膜玻璃会反射而产生眩光,眩光会对人体和环境产生不利影响,形成光污染。国际上一般将光污染分成3类,即白亮污染、人工白昼和彩光污染。

白亮污染——即阳光照射强烈时,城市里建筑物的玻璃幕墙、釉面砖墙、磨光大理石和各种涂料等产生的反射光线,明晃白亮、炫眼夺目。专家研究发现,长时间在白色光亮污染环境下工作和生活的人,视网膜和虹膜都会受到不同程度的损害,视力急剧下降,白内障的发病率高达45%,此外还会使人头昏心烦,甚至发生失眠、食欲下降、情绪低落、身体乏力等类似神经衰弱的症状。

人工白昼——夜幕降临后,商场、酒店上的广告灯、霓虹灯闪烁夺目,令人眼花缭乱。有些强光束甚至直冲云霄,使得夜晚如同白天一样,造成了"人工白昼"。在这样的"不夜城"里,人体正常的生物钟被扰乱,夜晚睡眠受到影响,第二天精神委靡不振。人工白昼还会伤害鸟类和昆虫,强光可能破坏昆虫在夜间的正常繁殖过程。

彩光污染——舞厅、夜总会安装的黑光灯、旋转灯、荧光灯以及闪烁的彩色光源构成了彩光污染。据测定,黑光灯所产生的紫外线强度大大高于太阳光中的紫外线,且对人体有害影响持续时间长。人如果长期接受这种照射,可诱发流鼻血、脱牙、白内障,甚至导致白血病和其他癌变。

在种种光污染中,以玻璃幕墙污染对人体的危害最为严重,除了损害眼睛外,光污染还是制造意外交通事故的凶手,一幢幢玻璃幕墙大厦就像一面面巨大的镜子,使本来光洁的路面、清晰的信号灯受到影响,反射光如进入高速行驶的汽车内,会使驾驶

员发生突发性暂时失明和视力错觉，从而造成事故。据北京的一些出租车司机反映，每当下午4时至太阳落山，由西向东驾车通过西客站时，由于西客站玻璃幕墙产生的刺眼反光而引起的交通事故时有发生。

高层建筑豪华气派的玻璃幕墙所造成的光污染也对城市的气候产生潜移默化的影响。玻璃幕墙把热量反射到四周，加剧了城市热岛现象。据深圳市气象台的资料数据，深圳的气温近10年来提高了整整2℃，相当于把整个城市南移了300千米，其中就有玻璃幕墙热岛效应的作用。

此外，凹型建筑设计的楼房，玻璃幕墙就像一面巨大的聚光镜，被照射到的地方如有可燃物，就容易发生火灾及爆炸。北京曾经发生过停在玻璃幕墙旁的一辆小轿车，由于玻璃幕墙的反光照射，车门橡胶密封条熔化流淌。在柏林，1987年曾发生过一场大火，警方在建筑物内部始终未能找到起火原因，最后终于发现对面高层玻璃幕墙产生的聚光才是"肇事者"。

此外，有一些玻璃幕墙（如茶色的）含有一定的金属钴成分，钴是放射性元素，在阳光照射下更容易使人受到放射性污染，严重时会破坏人体的造血功能，引发癌症及其他疾病。

在一些发达国家，一般到了建筑使用期限的最后一年，当初的设计方会通知业主，该楼已经到达维修或报废年限。但在国内，鲜有此习惯，玻璃幕墙的使用年限更成了一个"不解之谜"。

编者注：我曾经写过一篇文章叫《高楼不是好邻居》。因为除了光污染、光害以外，高楼冬季还大面积遮蔽北面建筑物的可贵阳光，积雪难融影响交通；高楼群妨碍污染大气扩散，使城市大气中致癌物浓度增大；同时又制造街区狭管大风，造成城市风灾，以及城市的污染大气通过乡村风环流最后污染近郊农村，等等。

《科学与文化》2005（1）

北雪犯长沙　胡云冷万家
——2008年冬我国南方冰雪灾害的气象奇闻

林之光

本文大标题是诗人杜甫晚年（公元769年冬）在长沙遇雪时作的《对雪》诗中的头两句。我非常佩服他在千年之前就已经洞察到我国冬季南方大范围（"冷万家"）低温雨雪天气乃由于北方冷空气的南下（"胡"是指当时北方少数民族地区）。2008年冬南方造成千亿元经济损失的冰雪灾害也正是这种类型的天气。本文归纳多位朋友的提问，从气象学角度说说它的方方面面。不过，个人观点难免偏颇，"姑妄听之"可也。

冰雪灾害为何不发生在严寒北方而反在温暖南方

这是因为，北方冬季气候严寒，大气中的水汽很少，而水汽乃是冰雪降水的原材料。例如每立方米空气中的最大水汽含量，20℃情况下为17.3克，0℃时为4.9克，零下20℃就只有1.1克。例如黑龙江漠河，1月平均气温零下30℃，该月的平均降雪量，化成水层只有3毫米深（北方冬季"千里冰封，万里雪飘，望长城内外，惟余莽莽……"的壮观景象，主要是积雪低温不化的结果）。所以，我国最大的暴雪，"燕山雪花大如席"的地

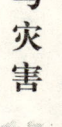

方，不在黑龙江，却在南方的江淮及其附近。这里一场连续暴雪的最大积雪深度就可厚达 50 厘米左右（今年又有）。其原因是这里地理位置适中：淮河以北低温水汽少，而江南中南部水汽虽多但缺少降雪低温，都难下大暴雪。今年南方冰雪灾害情况大体也是如此：北部多雪灾，南部主要是冻雨（冰）灾。

冻雨（雨凇）的形成，需要大气低层中有一个气温在零上的暖层。以使得从高空中降落下来的雪花能在这里融化成水滴。当它再继续下降到近地面的零下冷气层中时成为零下而未及冻结的过冷却水滴，最后落到温度零下的地面上时立刻冻结成透明的冰层，完成它既雪又雨再冰的传奇一生。但是北方冬季严寒，难有这样的南来的零上深厚暖空气层，因此冻雨便只能发生在温暖的南方了。

为什么说今冬冰雪灾害是"天气异常"而"气候正常"

"气候正常，天气异常"这个说法是我自撰的。"气候正常"的意思是，造成今冬冰雪灾害的天气形势（大气环流）还是那种形势，天气系统还是那些系统，造成的灾害还是那些灾害，它们每年或多或少都有出现，并不新鲜。"天气异常"指的是这些天气形势出现得过于频繁，过于持续，过于激烈，这样才"雪上加'霜'"，酿成大灾。

2008 年冬的天气异常如何确实不一般？具体说来：

一曰有强冷空气频频南下。这是形成降水（冰雪）的主要动力。一般情况下，冬季中东亚高空是一个低压槽（东亚大

槽），地面冷空气在槽后西北气流引导下频频南下。但今冬还常有另一个高空天气系统叫"阻塞高压"，位于欧亚边界的乌拉尔山脉及其附近。它北部的西北气流频频引导着低层高纬度寒冷空气，向东南进入我国。这"西高东低"（天气预报俗语）两个搭档，一个在东边拉、拽，另一个在西边推、送，冷空气南下得就更欢了。有统计表明，这种有利冷空气南下的形势今冬大约有20多天，比往年多3倍，是1951年以来最多的一年。

二曰有强劲的偏南暖湿气流。天气图分析指出，2008年冬南方冰雪灾害期间，副热带高压位置常常位于北纬17度，比往年偏北约4个纬度之多。这样，从副热带高压西侧北上的南海暖湿气流便能源源北上一直到达我国江淮地区。另外青藏高原南侧的高空南支槽也很活跃，这两支西南暖湿气流共同保障了这场冰雪灾害的丰沛水汽供应。

三曰冷暖空气交锋。俗话说，"一个巴掌（拍）不响"。冷暖空气需要交锋冲突，才能让密度较小的暖空气在密度较大的冷空气斜背上被迫抬升，凝结水汽，降雪降凇。而且冷暖空气强度都要适当，哪一方过强都不利发生持续降水。例如1997年春节也有今年同样形势，只是因为暖空气不强而江南便没有出现重大冰雪灾害。

四曰交锋持续。冷暖空气发生一次交锋并不难，难的是持续进行交锋降水，这才可能酿成大灾。

可见，这四个"曰"，一个也不能少。但要它们冤家聚齐，那就得"百年等一回"了。

为什么说这次冰雪灾害主要"导演"不是呼声甚高的"拉尼娜"

但是，上述东亚大气环流异常说还并不是形成这次南方冰雪灾害的唯一说法，热门的还有拉尼娜说。国内外许多科学家都或

多或少把这场冰雪灾害责任归咎到它的身上。

拉尼娜是指赤道中东太平洋大范围海区温度比常年偏低这样一种海温分布现象。这种分布有利于中纬度大气环流的经向度增强：冷空气南下频繁，暖空气北上活跃。今冬我国冰雪灾害期间正是这种情况。而且从去年8月开始的这次拉尼娜又是1951年以来的特强年份。

但我国科学家大都认为大气环流异常是今冬冰雪灾害的主要原因；拉尼娜只是次要原因，或重要原因之一，或背景原因。这里主要说说我的具体解释。

大家知道，拉尼娜远离我国几千千米之外。它只能决定它海区周围地区的天气。它对世界其他地区（包括我国）的影响，都只能是一个外因。而外因要产生影响是需要通过内因（当地大气环流）的。这就是为什么拉尼娜年我国冬季气候可以大相径庭的原因，例如，一、拉尼娜年我国东部地区虽冷冬多些，但暖冬也有不少；二、历史上拉尼娜年不少，但我国南方今冬这样的大范围冰雪灾害却是"百年等一回"，历史罕有；三、赤道中东太平洋大范围海温的变化是很缓慢的，而今拉尼娜依旧，但我国今冬南方冰雪灾害却是在1月10日突发、2月上旬初突然结束，只有20多天。

可见，它确实不是我国今冬冰雪灾害的主要原因、直接原因。

为何今冬冰雪灾害不发生在过去冷冬期而却发生在今冬暖冬期

首先，暖冬期和出现冰雪灾并不矛盾。因为，现今全球变暖。全球变暖的结果，一是可以造成暖冬，二是可以造成全球极端天气气候事件多发。而今冬的罕见冰雪灾害当然是一种极端天气气候事件。

其次，暖冬期出现冰雪灾害也是一种正常现象。因为，我认为，冬季的冷暖的原因其实很简单：大气环流形势有利，冷空气南下多了、频了，就是冷冬；反之就是暖冬。这样便很容易解释，为什么我国这次暖冬在1986年突然发生，而今冬又很可能突然中断。全球变暖不等于全球每个角落的冬季都变暖，每个地区冬季冷暖变化也都有它自己的特点，即主要决定于当地大气环流的变化规律。

可见，至少从这里可以看出，目前决定我国冬季冷暖的主要原因确实还是大气环流。大气温室效应增强造成的全球变暖的作用虽确实存在，而且还会越来越显著，但对我国冬季而言至少目前仍是背景性的。否则，如果暖冬主要是因大气温室效应增强所造成，那我们冬季应该稳定变暖，不再有突然冷冬。

为什么今冬湘、黔、赣受灾严重，而同纬闽、滇却基本无灾

我认为这主要与南方的地形有关。

原来，当北方冷空气南下，过长江进一步展开时，就受到了山脉地形的影响。例如，当它流向西南，就完全受阻于海拔3000米左右的云南高原和川西高原东坡；同样，它向南和向东南时也分别受到南岭和武夷山脉的阻挡。使这三个山脉之间的广大地区冬季中常成为深厚的冷空气海洋。举个例子，这个冷空气海洋中海拔仅162米的广西桂林，它的1月平均气温竟然和它同纬度上、这个冷空气海洋以西、云南高原上海拔1892米的昆明基本一样（7.8℃左右）。所以，没有冷空气下的夏季7月，烈日炎夏的桂林平均气温（28.3℃）竟比暖阳春温的昆明（19.8℃）高出了8.5℃之巨！

这三道山脉中以南岭纬度最低也最矮，较强冷空气和得到补充的弱冷空气都能越山而过，所以大冷后期华南一般也都会非常

寒冷。今年港澳地区也破了几十年的低温期纪录。福建冬季地形增温效应虽数值不如上述西南地区大，但仍能使当地少有零下低温，因此也就少有冰雪灾害。当然，云南最东部和贵州接壤的地区，因为处在冷空气海洋边缘，有些地区冰雪灾害也是不轻的。

显然，如果南方没有地形约束，冷空气能迅速扩散，那这里冬季的寒冷和冰雪灾害也就不会如此严重和持久。

为什么说"北方冰雪成景"而"南方冰雪成灾"

所谓"北方冰雪成景"，我的意思大体有三，一是指毛泽东主席《沁园春·雪》中的北国壮丽（雪）自然风光；二是指冰雕、雪雕、冰灯等人工冰雪艺术，哈尔滨每冬都要举行冰雪艺术节；三是以吉林雾凇为代表的雾凇美景。这些冰雪美景的先决条件是要有严寒低温，故一般来说南方（山区除外）冰雪难能成景。

其实北方冰雪也成灾，例如牧区的暴风雪；南方冰雪也成景，不用说冻雨那种晶莹剔透像水晶一样的琉璃美景，就是一般雾凇、积雪，也都是难得美景。今冬南方冰雪灾害早期，不是当地也有许多人当作美景来欣赏的吗？

总之，冬季中，北方因为常有冰雪，所以一般冰雪只会成景而不会成灾；南方少有冰雪，一旦冰雪较多就易成灾。

呼唤科学预见，为国家重大自然灾害"治未病"

通过对今冬冰雪灾害的思考，作者有几点奇思异想。

第一，我国今冬这场冰雪灾害是可以进入《世界吉尼斯纪录大全》的。这一是指这里冰雪灾害的纬度是世界上最低的，

原因从温度说主要就是我国南方是世界同纬度上冬季最寒冷的地区。二是指这场冰雪灾害主要是冰（冻雨）灾（雾凇因密度小，一般不单独成灾）为主，这样低纬度的大面积冰灾在世界上同样也是第一的。因为世界上另一个最大面积的冰雪灾害区是美国东北部和加拿大，那里位于中高纬度，主要以雪灾为主。

　　第二，我国今冬这场冰雪灾害是可以预见的。当然，我这里指的不是让气象部门在一两个月前甚至更早就预报出如此重灾及全过程。这会有点像要求地震预报报得像天气预报那样准确。因为目前世界上即使发达国家同样也只有5~7天中期数值天气预报才有业务使用价值。中国气象局郑国光局长最近在国务院新闻办发布会上坦言，这次冰雪灾害的四次过程我们都报准了，但要一次就报出全过程，我们不能，相信其他国家也不能。所以，我这里指的是根据前述东亚大气环流的四"日"和我国南方地理条件的三"特殊"（经度、纬度和南方山脉地形），是应该可以推断出，即预见到这场冰雪灾害将来迟早总是会发生的。

　　第三是我国今冬这场冰雪灾害是可以设法提早预防的。这是指的减灾方面。因为我认为，今冬冰雪所以成南方重灾，最最主要原因是输电线路中断，而输电中断的主要原因是山区局部地点输电铁塔倒塌或电线积冰垂断，且修复不易。据我在20世纪70年代中期主持的我国第一条"北京—大同50万伏超高压输电线路气象条件"设计，这些地点主要是高山、隘口、迎风坡、山岭等凸出地形部位，这里雨量大、风大、（冻）雨点密集。因此如事先能根据我国这种特殊地理气候条件可能产生的特大冰雪灾情，对这些地点大大提高设计标准，或改变线路，损失至少会大大减轻。

　　当然，这是我的"马后炮"，"事后诸葛亮"而已。

编者注：本文收入时有删节。

地球大气对人类的升级报复

林之光

人类诞生两三百万年来,一直和自然界相安无事,因为人类"改造"自然界的能力很弱,最多只能引起局地小气候的改变。但是,工业革命以来就大不同了,因为工业化意味着大量燃烧煤和石油,向地球大气排放巨量的废气和污染物。久而久之,就酿成了弥天大祸。

第一,工业和汽车会排放大量的二氧化碳等温室气体,它们会改变地球大气的辐射和热量平衡,造成全球变暖。于是,高山极地冰雪大量融化,海平面上升淹没低平海岛和大陆沿海低地(南太平洋岛国图瓦庐已举国迁往新西兰,北印度洋岛国马尔代夫据报道正计划迁往斯里兰卡),以及造成全球极端天气气候事件多发等。

第二,20世纪中广泛使用于制冷剂、灭火剂和发泡剂等的氯氟烃类人造化工制品,当它的分子上升到高空臭氧层中后会大量破坏臭氧分子,造成全球臭氧层减薄和南极臭氧洞。而臭氧层减薄、紫外线的增强会造成人类皮肤癌(美国克林顿总统就曾患过)和眼睛白内障(南美洲南端已有全盲动物)。强烈紫外线还使农作物减产,海洋浮游生物和鱼、虾、蟹、贝等的幼体大量死亡,使地球生态食物链受到破坏。

第三,高空臭氧层的破坏,汽车的大量使用,都促进了城市中光化学烟雾的发生。光化学烟雾的主要成分是臭氧,它会强烈

刺激呼吸道，1952年美国洛杉矶光化学烟雾时共死亡400人之多。光化学烟雾对眼睛也有强烈刺激，1972年东京光化学烟雾时曾2万人同时患上红眼病。

第四，工业废气中的硫氧化物和氮氧化物，和雨滴结合后生成酸雨。酸雨会使森林死亡、湖泊中的生物绝灭，号称"空中死神"。酸雨也酸化土壤，使农作物减产；以及腐蚀城市建筑物和文物古迹等。

第五，工厂烟囱和汽车排放的大量固体有毒颗粒，严重污染了我们呼吸的大气。世界气象组织秘书长雅罗在今年世界气象日致辞中指出，它使哮喘、心脏病、肺癌等病情加剧。他同时还说，据世界卫生组织估计，每年有200万未成年人死于空气污染。

第六，工业化以来人类破坏自然的能力迅速增长。美国三四十年代，苏联五六十年代大规模开垦草地，破坏了地面植被，引发了巨大规模的沙尘暴。沙尘暴不仅使大面积地面荒漠化，而且向大气输送了巨量的可吸入颗粒物。它大量吸附有毒物质后，同样使人类发生许多严重疾病。

瞧，人类为了文明和富裕生活，却把自己居住的城市变成了一个个大大小小的污染岛，把自己生存的地球大气搞得乌烟瘴气，"五毒俱全"。直到生存警报厉声响起，人们才觉醒过来促进和组织各种国际公约以"亡羊补牢"。例如，1992年《气候变化框架公约》和后来的《京都议定书》用来对付全球变暖；1985年在维也纳签署的《保护臭氧层维也纳公约》和后来的1987年《关于消耗臭氧层物质的蒙特利尔议定书》治理臭氧洞问题；1979年《控制长距离越境空气污染公约》治理跨国界酸雨；以及1994年《联合国防治荒漠化公约》治理荒漠化和沙尘暴，等等。

记得马克思曾经说过，"文明如果不是自觉的，而是自发的发展，那么留给自己的则是荒漠。"恩格斯明确指出这是大自然

的报复:"我们不要过分陶醉于我们对自然界的胜利。对于每一次这样的胜利,自然界都报复了我们。……美索不达米亚,希腊,小亚细亚以及其他各地的居民,为想得到耕地,把森林都砍完了。但是他们梦想不到,这些地方今天因此成为不毛之地,因为他们使这些地方失去森林,也失去了积聚和贮存水分的中心。"

马克思、恩格斯说这些话的时候还是在百年以前,人类活动只使局部地区荒漠化。这可以看成是地球大气对人类的第一次报复,或者说局部的报复。因为它对别的地区没有造成什么危害。但时至今日已经有很大不同,不仅是工业废气和污染物数量特别巨大,而且特别是通过温室效应、破坏臭氧层机制等地球大气内部物理过程,外因通过内因起作用,因而起到"四两拨千斤",量变到质变的效果。这可看成地球大气对人类的第二次报复,升级的全面严重报复。即从局地底层大气的温、湿度和降水量的改变,升级成了前面所说的全球性,整层大气的物理、化学的"五毒俱全"的报复。

当然,我们无需悲观。我们古代有"后羿射日",解决了当时的"全球变暖"问题;有女娲用五彩石补天,解决了当时的"臭氧洞"问题等。今日我们的这些国际公约,就是后羿的那九支箭和女娲的那五彩石。例如,由于《蒙特利尔议定书》顺利执行和提前,预计到大约2060年前后,地球大气的臭氧层就会恢复到工业化以前的水平。

所以,也许我们可以更乐观地说,"塞翁失马,焉知非福"。因为人类的无知造成的地球大气第二次报复,教训实在太深刻了。"吃一堑长一智",人类会变得更加聪明。在今后与大自然相处中会更加谨慎和更加警惕,在人类社会文明富裕程度不断提升的前提下,最终和地球大气、自然界相处得更加和谐。

《气象知识》2009(2)

中国科普文选（第二辑）

气象新事

奇闻与异事

QIWEN YU YISHI

悬棺

猎塔湖

喷云吐雾铜海马

宁 静

在湖北省的西北部、大巴山的东段，耸立着我国著名的道教名山——武当山。在武当山的最高峰——海拔1612米的天柱峰峰顶上，坐落着一座金殿。我们的故事就从这里开始了……

金殿顶上藏奇兽

金殿建于明朝永乐年间，据说是仿故宫的太和殿建造的，规模不是很大。殿高5米多，宽4米左右，是用纯铜镏金打造的，整座殿身用了100吨铜和几百千克黄金。

殿顶有两重檐，一共有8条垂脊。每条垂脊上都端坐着几个铜制的垂脊兽，有龙、凤、狮子、天马和海马（人们想象中能上天和入海的马），海马的后面还有一个大大的兽头。可就在这些普普通通的铜饰物中，却藏着一个奇异的家伙。

据说每到夏天黑云压顶、山雨欲来时，那个家伙就会喷云吐雾，那云雾升到空中就变成紫色的烟霞，美丽异常。

一个铜制的饰物怎么会吐雾呢？是它真的沾了仙山的仙气，还是里面藏有什么暗道机关？一切都是未知数，人们只知道，那个奇异的家伙是一只海马。

寻找奇异海马

我们准备到武当山去寻找那个奇异的海马,弄清它喷云吐雾的真相。

登上武当山顶,远远就看见雄伟的金殿在阳光下金光熠熠,檐脊上,垂脊兽们安静地蹲坐着。

相同的海马一共有 8 个,到底是哪个会吐雾呢?我们找到了一位在武当山修行的老道长,听说他曾经亲眼见过海马吐雾。没想到,老道长告诉我们,海马吐雾轻易是见不到的,他见到为数不多的几次都是在入夏之后。

我们查阅了相关的文献,原来,早在清朝乾隆年间,人们就注意到这只海马能够"口吐气焰"。可老道长不肯说明到底是哪只海马,所以我们只好找到了另一位目击者——武当山文物宗教局的赵本新。

赵本新曾经两次看到海马吐雾,但每次时间都非常短,只有一两秒钟,根本来不及拍照,所以没能留下任何影像资料。赵本新肯定地说,他看到的是同一个海马,就是坐落在金殿第二重屋檐东北角上的那一个。海马吐出的雾很细,像线一样,长度大约有十几厘米。

海马是实心的

金殿里供奉着真武大帝的铜像,香火很旺盛。起初,赵本新以为那只海马可能正好建在金殿的排烟口附近,是殿里的烟从海马嘴里冒了出来。可是仔细查看之后却发现,金殿根本就没有排烟道。

赵本新爬上了金殿顶,想看看那个海马肚子里是不是藏了什么机关。这一看不要紧,他愣住了:那只海马竟然是一个实心的

铜疙瘩，身上连一个小孔都没有。

真的是这样吗？我们也爬上金殿，一个一个饰物看过去，结果发现所有的垂脊兽都是实心的。

喷云吐雾看天气

既然是实心的，那雾就不可能是从海马的肚子里冒出来的。难道是从旁边吹过来的？我们做了个实验，用一根吸管向海马旁边吹烟，想看看会不会出现海马吐雾的效果。没想到，山顶的风太大了，烟一吹出来马上就消散，根本形不成一条细线。

我们在山上住了四五天，一直没有看到海马吐雾。不过，又有几个亲眼见过海马吐雾的人告诉我们，每次见过海马吐雾后不久就会下雨。难道这雾还和季节、天气有关系？就在这时，赵本新又提供了一条重要线索。

会"出汗"的神像

赵本新第二次看到海马吐雾的时候，发现海马身上挂满了小水珠，奇怪的是，水珠在向上滚动。赵本新解释说，海马身上挂水珠，应该和金殿里"祖师出汗"的道理是一样的。

原来每当暴雨将至，金殿里的真武大帝铜像就会挂满水珠，这就是"祖师出汗"。这是因为下雨之前空气湿度大大增加，而真武大帝的铜像热容量大且热导率高，空气因与铜像接触，会迅速失去热量而冷却，尤其当空气潮湿到接近饱和时，空气中的水汽会更迅速地在铜像身上凝结。

这种现象在气温变化剧烈、湿度大的季节比较容易出现。夏天时，武当山的气温忽高忽低很不稳定，加上这里降水频繁，所以下雨前海马身上出现水珠一点都不奇怪。至于水珠向上滚动，那是大风吹动的结果，因为这里的阵风有时候甚至可以达到10级以上。

海马吐雾的真相

剧烈变化的温度,潮湿的空气,猛烈的阵风,这一切归结在一起,终于让我们明白了海马吐雾的真相。海马是铜的,和真武大帝的铜像一样,一旦天气突然变化,气温骤降,它就会"出汗"。而金殿处于武当山最高峰,风力很强,如果此时恰巧有一股与海马朝向相同的强劲阵风吹来,海马身上的水珠就会被吹向海马的嘴部。当这些水珠被强风吹得脱离海马时,就会形成细线一样的小水流,远远望去,就好像海马在吐雾。

至于这一奇观难得一见的原因,是它形成的条件比较苛刻,再加上海马体积小,身上凝结的水珠不多,所以水雾出现的时间就很短暂。

占尽天时地利

可是,金殿顶上一共有40个垂脊兽,为什么只有这个海马会吐雾呢?

我们咨询了有关专家,专家分析之后得出结论:那个会吐雾的海马不仅占了天时,还占了地利。当阵风吹过金殿时,绝大部分垂脊兽身上的水珠受到的风力还不足以使它们飞出去,所以在这些垂脊兽身上不会出现吐雾现象。而在第二层屋檐上,那个吐雾海马所在的垂脊走向与风向相同,当风绕过殿顶和海马背后那个巨大的兽头时会聚在一起,正好吹到那个海马身上,这时的风力已经足以使海马身上的水珠飞出去,于是吐雾的现象就出现了。那个海马可以说是处在风口之中的风口,难怪只有它会喷云吐雾了。

《我们爱科学》2008(1,上)

打雷啦，注意奶牛

宁　静

在河北保定市的阜平县，有一个名叫海沿的小山村，自从4年前村里建起了一个奶牛场，这里就像得罪了雷神似的，接连遭受雷电的袭击。在这4年里，奶牛场竟然遭受了8次雷击，先后有6头奶牛被雷击死，另外还有十几头奶牛受了伤，不过，村里的人们却一直安然无恙。

难道雷电长了眼睛，专门跟奶牛过不去？

得罪雷神的奶牛们

2003年5月12日中午，十几个村民把他们的奶牛赶到挤奶大厅里准备挤奶。屋外下着大雨，空中不时传来隐隐的雷声，大家谁也没有在意。突然，可怕的事情发生了。

一道闪电划过，36头奶牛齐刷刷地被击倒在地。万幸的是，这次雷击只是虚惊一场，奶牛除了受到惊吓外，没有任何伤亡，挤奶的人也都安然无恙。

村民们以为这只不过是一次偶然事故，但是他们想错了。第二年雷电不仅再次光顾了海沿村，而且一下子就击死了3头奶牛。

雷灾并没有到此终结，2005年、2006年，连续两年，每年都有奶牛被雷电劈死击伤，海沿村的奶牛养殖遭到了重大打击。

不过，说来也怪，那些和奶牛朝夕相处的村民们，却都平安无事，奇迹般地躲过了一次又一次雷击。雷电为什么专劈奶牛呢？难道奶牛得罪了雷神吗？

雷电喜欢拜访的奥秘

无奈之下，海沿村向气象部门汇报了雷灾发生的情况。市气象局非常重视，派出了防雷中心的专家到海沿村进行调查。

专家先对海沿村的地质条件和气象条件进行了测量和分析，结果还真的发现了秘密：海沿村两面环山，就像一个小小的盆地，东北和西北各有一个风口，容易形成上升气流，造成电荷聚集。谁都知道，打雷是不同电荷剧烈碰撞的结果。电荷聚集多了，碰撞的机会就大，所以村子容易招雷。可是，为什么雷电不会落在山头上呢？

专家又在两面山坡和养牛场取了不少土，通过专业仪器给土壤测了测电阻率。结果又发现，养牛场属于黏土，电阻率比较小，而山上的土质属于沙土，电阻率比较大。

离海沿村 400 米，就是海沿水库的大坝。一个蓄水的大水库，自然会让这里的地下水位偏高，这一来，土壤的电阻率就更低了。因为雷总是喜欢落在地下水位比较高、土壤电阻率比较小的地方，所以雷喜欢拜访海沿村就一点也不奇怪了。

可是，为什么雷电不去招惹民宅，却偏偏盯上了牛棚呢？

藏在牛棚里的帮凶

专家来到奶牛遭雷击的地方，围着现场左看右看上看下看，终于注意到一个被人们忽略的东西——铁架子。瞧，挤奶大厅的屋顶全部是焊接的铁架子，而在挤奶大厅和各家的牛棚里，到处都有为了防止奶牛乱跑而建起来的铁栏杆。难道这些铁架子和铁

栏杆，就是招引雷电的罪魁祸首吗？

原来，当雷电在奶牛场附近形成的时候，尽管没有击中牛棚，但是却在铁栏杆上形成了感应电流。被锁在铁栏杆里的牛，脖子直接接触到铁栏杆，于是电流通过牛脖子迅速走遍牛的全身，然后通过牛脚流向大地，牛就被击倒了。

> 雷电小知识：自然界有3种雷：一种叫直击雷，就是可以直接击中物体的雷；另一种叫球形雷，就是球形闪电，它是伴随直击雷产生的；第三种是感应雷，一般只在金属的物体上出现。

真正的"凶手"

可是，村里的人整天在牛棚里忙碌，和奶牛形影不离，甚至在奶牛被雷电击倒的时候，他们就在旁边。奇怪的是，为什么从来没有过人员伤亡呢？

不过村民们说，打雷的时候，他们一样也能感觉到雷击，但只是麻了一下而已。可一头成年奶牛的体重有几百千克，比人要重得多，体形也大得多，抗电击的能力也强得多，这么小的电流，对人都没什么伤害，怎么能击死奶牛呢？

那天，防雷中心的专家无意中看到了村民挤奶的姿势，才恍然大悟：原来，真正的凶手竟然是感应雷和跨步电压，是它们共同谋杀了奶牛！

"模拟"凶杀现场

让我们一起来模拟一下"凶手"的杀牛现场吧——

雷电在村子上空形成了。感应雷顺着铁架子钻入了牛棚，注意，这时候在雷击点附近的电压很高，随着距离的增加，电压会慢慢减小。如果这时有人或动物在雷击点附近行走，两个脚之间

就会形成电压差,这就叫跨步电压。跨的步子越大,电压的差也就越大;电压差越大,通过动物身体的电流就越大,那么被雷击倒的可能性也就越大。

牛的前后腿之间的距离,比人两脚间的距离要大,所以跨步电压也比人要大得多。当感应雷出现在牛棚里时,因为奶牛前后脚上很大的电压差,于是强大的电流"刷"地就穿过了它们的身体……

发现了"凶手",事情就好办了。人们在海沿村的两个风口上安装了5个避雷塔,在空中就形成了一道雷电拦截网;给牛棚里的铁栏杆增加了接地装置,把感应雷迅速导入地下,再不让它祸害奶牛。

因为在调查中,专家还发现了一个细节:被雷电击死的往往是体形最大、产奶量最多的奶牛。难道小牛能够逃脱性命,也是由于跨步电压小吗?

在仔细观察了牛栏的结构以后,专家才发现,原来,在挤奶的时候,村民们习惯把牛卡在栏杆中间,用一根铁棍固定牛的头,防止它乱动。当雷电袭来时,奶牛被击中,沉重的身体倒下去,脖子却被卡住,最终因窒息而死亡。现在,人们把铁栏杆的高度也降低了,这样奶牛即使倒下,也不会因为窒息而死了。

编者注:本文中感应雷实际上应为感应电流。因为所谓雷击,实际上是强大电流通过造成的。雷只是闪电通道中空气因突然高温膨胀发出的巨大声波而已。

《我们爱科学》2007(11,上)

呼风唤雨"魔法"湖

宁　静

小时候看神话,好羡慕那里面的神仙有呼风唤雨的本领。可惜,我们都是凡人,没有神仙那份能耐。

可是,后来听到过一些神奇的传说……

高山上面藏奇湖

传说很多很多年以前,有一个采药人,经常爬到陡峭的高山上去采草药。这天,他又爬上了一座高山,一路上靠着一把砍刀开路,披荆斩棘,走了一整天,好不容易来到了山顶的一个湖边。就在这里,采药人发现,自己竟然成了神仙。因为只要他站在湖边大声喊叫,湖上就会飘来一阵云雾,然后雨点就泼洒下来。难道自己有了呼风唤雨的本领?他一试再试,屡试不爽。采药人高兴极了。可是离开了这个湖,他的本领就不灵了。终于,他明白了,不是自己有了神力,而是这个湖泊有一种神秘的力量。后来,人们就给这个神秘的湖起了个名字,叫做"听命湖",意思是能听从人们的命令刮风下雨的湖。

传说来自于云南,那个神奇的"听命湖"据说就藏在高耸入云的高黎贡山上。

要当神仙上山来

真的有这样神奇的湖吗?听起来似乎不太可信。

为了见识一下神秘的"听命湖",解开"听命湖"呼风唤雨的谜团,我们栏目组在当地有关部门的配合下,组建了一个临时探险队,决定进山一探虚实。

高黎贡山盘桓在云南西部,这座跨越了5个纬度带的山脉,保存了地球上唯一一片从湿润的热带森林到温带森林过渡的完整区域。"听命湖"地处高黎贡山海拔3400米左右,距离我们上山前住的片马小镇有18千米的山路,虽然不太远,但是路很难走,全都是山路。要找到"听命湖"还真不是一件容易的事。我们逢山开路,遇水搭桥,还经历了迷路和无数次摔跤,终于在当天夜里12点,踩着鞋子里吧唧吧唧的水,来到了"听命湖"畔。

突如其来的见面礼

还没看清"听命湖"什么样,"听命湖"就送给我们一份意想不到的见面礼。因为在漆黑的夜里,到了湖边找不到方向,我们便大声地呼喊向导。这一喊不要紧,也就三五分钟吧,一阵突如其来的小雨就把我们淋成了落汤鸡。可是抬头看看天,天上竟然是繁星点点。真是奇怪!

雾来了,雨来了

第二天一大早,我们就在湖边找了一个最佳位置,开始对着湖面大声呼喊。这时的天空,蓝天白云,丝毫没有要下雨的征兆。我们不停地喊,嗓子都喊哑了,也没看见一丝雨滴落下来。难道这"听命湖"的故事是人们编出来的吗?

就在我们万分失望的时候,奇迹发生了。喊声刚停下来没多久,就看见湖对面的山冈缺口处飘来一团云雾。这团云雾慢慢涌来,笼罩在湖面上。大约过了10分钟,天空中飘起了蒙蒙细雨。等到云开雾散,雨也就停了。不过,这小雨真的是被我们喊来的吗?难道山里的雨真能听从人的召唤吗?

雨从哪里来

我们请教了气象台的专家。专家告诉我们:下雨要满足3个条件。

条件一:要有上升气流;

条件二:云中要有凝结核;

条件三:空气中要有充足的水汽。

看看雨是怎么来的吧。

一块充满水汽的云飘过来,云里的水汽遇到了气流里的灰尘,就把它们当成了凝结核,围着它们长成小小的冰晶。小冰晶也在不断碰撞、长大,最后云层托不住了,它们就掉下来,变成小水滴,这就是降雨。

人工降雨就是利用了冰晶凝结的原理,向高空云层中播撒干冰或碘化银等催化剂,增加云里的冰晶,让它们变成雨滴。

真是"喊"来的雨

在高黎贡山区,空气湿润,山里常年云雾缭绕,充足的水汽是不成问题。可是,我们只是大喊几声,为什么也能下雨呢?难道声音也能起到催化剂的作用吗?

一起来做个小实验:在一个空气流动很小的房间里点上一支香,烟雾是笔直向上的。如果在旁边放一个鞭炮,烟雾马上就会抖动着变换方向。这说明声波可以引起空气的扰动。

第二次世界大战期间,激烈的炮战过后,常常会降下一场大雨。那也是在水汽充足的情况下,声波引起空气对流造成的。如果留意一下,你就会发现,雷雨天气时,雷声响过之后,雨点总是会密集一些,这也是同样的道理。

看来,还真是我们的喊声把雨给"喊"来了。

倒进杯子的最后一滴水

现在,先倒上满满一杯水,让水面鼓出杯子,但是不要让水流出来。这时候只要向杯子里再加进一滴水,只要一滴,水马上就会"哗"地淌出来。其实,不是这最后一滴水厉害,而是因为杯子里的水此时正处于一种很奇妙的状态。专家给那种状态起了个名儿,叫做临界状态。

现在是不是有点明白了?"听命湖"由于地处低纬度、高海拔的山区,常年云雾缭绕,雨量丰沛,空气湿度很大,一直就处在下雨和不下雨之间的临界状态。再加上这里是山谷,很少有风,空气几乎不流动。当我们拼命大喊的时候,空气的平静被打破了,造成了气流的扰动,于是雨就飘然而至。

那喊声就是滴入杯子中的最后一滴水。

为何只此一家

为什么"听命湖"不是到处都有呢?那种潮湿的环境在我国南方不是很普遍吗?

那是因为"听命湖"独特的地理、气候环境使它避免了外界的干扰,维持了这种临界状态,所以"听命湖"才只此一家。

喊声和小雨有约会

可是,"听命湖"畔的呼云唤雨是不是巧合呢?会不会是因

为山里空气湿润，正好在我们喊叫之后，碰巧下起了雨呢？

那就再试试吧。于是，我们又在湖边开始了呼喊。这时的时间是上午10点，16分钟以后天上就下起了小雨。这次的小雨下了几分钟就停了。

等云雾过去，我们又开始了第三次呼喊。结果跟前两次一样，每喊一次，就有或浓或淡的云雾飘过来，然后下起小雨，真是屡试不爽。只是每次下雨的强度不同，喊声越大，云雾就越多，雨点也就越大一些。

高山"放大器"

当个能呼风唤雨的神仙，谁都挺得意。不过，我们又有疑惑产生了：尽管我们扯破喉咙大喊，可人的声音在大自然中实在是太小了，这么小的声音也能影响到整个湖泊上空的空气对流吗？

为了解开这个疑惑，我们爬到了"听命湖"的高处。啊，一切都明白了，原来"听命湖"坐落在大山深处，四周都是高山屏障。是这些高山起到了汇聚声音的作用，把我们的喊声挡在湖面上，汇聚放大……

编者注：声波震动引起下雨的事情虽是十分奇怪的事，但我国已有多处记载。应当指出，近距离鞭炮和开炮的成雨作用，不仅有声波还应有爆炸直接引发的空气震动，后者的震动作用应该更大。

但是，声波震动成雨的原理，科学界尚无正规的科学实验证明。同样，本文的叙述也需要进一步完善。例如，文中成雨的三个（必要）条件中的"上升气流"，如何能由声波震动来引起呢？

《我们爱科学》2006（4，上）

神奇怪异的下关风

谭 湘

以苍山洱海构成的大理风光,粗犷与秀丽相生,热辣与柔美共存。尤以"风、花、雪、月"四大风景闻名于世。其中下关的"风"名列四景之首。"风"景确实有点怪,有点神。

笔者虽未到过下关,但对下关风早有耳闻。下关的风,确实与众不同。它不刮阵风,也不刮季风,而是四季呼啸,昼夜不停。故下关留下"风城"的美称。下关风的奇特之处,在于冬春季节吹西风,夏秋季节吹西南风,四季风向不变。由于风向稳定,所以这里的树木的树梢都是向东"一边倒",整齐划一,煞是有趣。下关风的另一怪异之点,是一年四季天天有风。据气象部门统计,下关风平均风速为每秒4.2米,最大风力可达10级。一年之中,大风日数在35天以上,而一般的风则是每天必刮。有趣的是,在下关市,无风便有雨,如果风向改变,吹起东风来,那是必下雨无疑了。

更为有趣的是在下关市有一座黑龙桥,在桥附近,有一种奇异的自然现象。如果你向北走,风从南面吹来,吹落了你的帽子,这帽子本应落在你身前,却偏偏落到身后。如果你向南走,迎面一阵风把你的帽子吹走,这帽子又不是按一般规律落到你身后,反而落到你的前方。这是一种多么奇怪的风啊!笔者一位朋友前不久去云南出差,有意要去下关看看这怪怪的风。一天上午这位朋友专程来到下关黑龙桥看"风"。当地导游听说他是专门

来看"风"的，忙说："看风？现在不是时候，等下午再来吧。您看见苍山上起云的时候，风就来了。"下午，这位朋友又来到黑龙桥，当山头云起的时候，果然风来了，撩起行人的衣裙，掀起桥下河水的浪花。他忙走到横跨在西洱河上的黑龙桥北端面南而立。此时一阵大风吹来，把他戴在头上的草帽吹走了。等他睁开眼睛时，那草帽果然端端正正地落在他前面，一连试了两次都是如此。最后一次，我朋友眯起眼睛要看个究竟，只见草帽被吹走后，在他身后划了一道弧形，高高地升到了半空，然后飘飘忽忽地几弯几拐，转到了他的前方，突然又侧着身子飞落在他的面前，就像孩子们玩飞碟一样，神奇极了。

这到底是怎么一回事呢？这与下关特殊的地理位置有关。下关市海拔2000米，比它西边的漾濞山高出500米。而下关的西北面是绵亘的点苍山，西南面是高耸的哀牢山脉，它们自北向南延伸过来，成为一座高空西风气流的巨大屏障。冬春盛行的西风和夏秋印度洋的季风，便通过点苍山和哀牢山之间狭长山谷进入下关市，因而形成了长吹不停的下关风。当冬春季节，高空西风强盛时，下关更是"风口"，大风狂呼不止。而黑龙桥更是这风口的"风口"。黑龙桥位于点苍山和哀牢山之间的西河上，把下关分成了关内关外，桥北为关内，桥南为关外。点苍山、哀牢山把这里夹峙成一个狭窄的槽形。因为关外连着坝子（平地），所以吹偏南风的时候居多。当偏南风吹来挤过狭窄的槽口时，很自然地形成由下而窜上的现象，这种风势当然不会把帽子直接吹向北边，只能是带着它在空中划出神奇的一圈，然后稳稳当当地落在你的前面。

编者注：下关风确有许多奇趣之处。唯对草帽曲线飞行的解释欠清楚。但因大理的"风、花、雪、月"十分著名，许多文章中均提到此帽子曲线飞行的事，且此文讲得又比较详细。故录之。

《气象知识》2002（6）

悬棺千年不朽之谜

姜永育

在秀丽的巴山蜀水之间，有一道独特、奇异的风景，这便是令世人感到神秘莫测的悬棺。

悬棺置放之处，山势陡峭，绝壁千仞，望之令人惊叹，而其历经千年而不朽，其神秘和奇异之处无不令人遐想万千。

悬棺，何以历经千年而不朽呢？

千年不朽的悬棺

悬棺葬是古代一种比较奇特的葬式：在江河沿岸，选择一处壁立千仞的悬崖，将仙逝者连同装殓他的棺木高高地悬挂（置）于悬崖半腰的适当位置。这就是我们今天看到的悬棺。

在四川、重庆的一些地区，悬棺随处可见，而尤以四川珙县的悬棺最多，也最为有名。据当地文物部门统计，珙县仅麻塘坝、苏麻湾两地的 30 多处绝壁上，就有悬棺 265 具。世人皆知的"僰人悬棺"即位于珙县境内。《珙县志》记载"珙本僰地，僰人多悬棺"。很早以前，僰人就在宜宾一带定居生活。在《吕氏春秋·恃君览》中，就有"毛羌，呼唐，离水之西，僰人野人"之句。相传僰人剽悍骁勇，多为历代王朝统治者所不容，他们曾多次被征讨，加之栖身于荆棘丛林，被誉为披荆斩棘的人。僰人死后，大多实行"悬棺葬"，即把棺木悬置于峭壁悬崖

上，俗称"挂岩子"。

在四川，除了珙县的"僰人悬棺"外，在川西的雅安市也有悬棺。川西悬棺相传是羌人放置。羌族的先民皆是大禹的后裔。大禹率众治水，功高盖世，在羌人中享有天神一般的威望。大禹仙逝飞天后，后人将其遗体挂在绝壁的悬棺中，此后，羌民中的仙逝者，均仿效此法施以了悬棺葬，从而在川西一带留下了诸多的悬棺。

据考证，川渝两地的大多数悬棺均系明代和明代以前所置，距今已有几百上千年历史。千年悬棺，其不朽的奥秘何在呢？

悬棺多处潮湿多雨地区

要破译悬棺不朽的奥秘，我们首先得了解一下悬棺所在地区的气候特征。

一般来说，导致棺木腐朽的最大原因，是当地的气候条件：高温和高湿的气候环境，极易导致棺木和尸体加速腐烂或腐败。

从地理和气候环境分析，悬棺均地处气温较高、潮湿多雨的南方地区。如"僰人悬棺"所在的宜宾市就属亚热带湿润季风气候，该地区四季热量充足，大部分地区年均气温达18℃左右，极端最高气温达41℃；而该地区空气又十分湿润，降水也比较丰沛，年平均降水量达 1000~1200 毫米。在这样高温、高湿的气候条件下，任何裸露棺木都经不起岁月的洗礼！

让我们再来看看川西雅安市的气候特征。雅安号称"雨城"，年平均降水量达 1800 毫米，一年 365 天平均雨日有 218 天之多，而其年平均气温也高于 15℃——在如此潮湿多雨的温湿气候环境下，任何棺木都难以长久不腐！

但事实上，宜宾和雅安两地的悬棺都保存完好，从开启的部分悬棺中，可见棺木中的死者骨骸历历可数，头骨骷髅保存完好，尤其是棺木干燥，在悬崖上历经千年风雨而未曾腐朽，不能

不令人称奇。

既然悬棺所在地区的气候特征都不利于棺木长久存留,那悬棺是如何千年不朽的呢?

悬棺不朽是神妖所庇吗

在僰人和羌人留下的史料中,我们可以看出他们实施悬棺葬的初衷:僰人认为,人死后尸体不能沾地气,否则魂灵不能升天,而"悬棺葬"即能使逝者魂灵升入仙界;而羌人也认为将逝者挂在绝壁的悬棺中,就可以使肉身悬空,灵魂得到飞升,上天入地,获取神力,从而庇佑子孙。

对此,民间也有一些迷信者认为,悬棺饱经千年岁月而不朽,正是因为逝者灵魂升入了仙界,所以其尸身得到了神灵的庇护,千年棺木便神奇地保存了下来。也有一些迷信传说:悬棺内的尸体采天地之灵气,日月之精华,历经千百年修炼成妖,尸妖为了护住尸体,所以用妖气将棺木保护了起来。

以上这些迷信传说当然不可信,而悬棺千年不朽之谜更是众说纷纭,莫衷一是:有人说悬棺内放置有奇异的香料,也有人云悬棺处的岩壁具有神奇的防潮保干功能……不过,通过人们的科学考证和深入分析,这些说法都不足为信。

那么,悬棺不朽究竟是怎么一回事呢?

特殊木料使悬棺不朽吗

既然很多种说法都不成立,那么,悬棺不朽会不会是自身的原因呢?

人们的这种怀疑很快得到了文物工作者的证实:制作棺木的材料确实非同一般。据文物工作者考察,制作悬棺的木材多是木质坚实、抗腐性很好的楠木。这种树木生长周期长,木质在诸树

种中属上乘，用其制作的棺木，即使埋入地下也可上百年不腐。有关文物部门曾开启过两具悬棺，棺木均系楠木所制，每具至今仍重约500千克，要4个工人才能抬起。棺木一般头大尾小，多为整木用子母扣和榫头固定而成，密封性很好。这种结构，可最大限度地减少尸身与空气的接触，从而延缓其腐败，也有利于棺木内部保持干燥。

但是，在南方潮湿多雨的气候条件下，楠木棺材在露天环境中保存的期限一般不超过百年，而大多悬棺已经存在了千年以上，显然，"特殊材料说"也不能解开人们心中的疑窦。

那真正的原因是什么呢？

悬棺不朽乃天公眷顾

其实，结合悬棺所处的地理位置、绝壁处的气象要素，以及制作棺木的材料等因素分析，才能科学、合理地解释悬棺千年不朽之谜。

首先，从悬棺所处的地理位置分析。悬棺均置于悬崖峭壁之上，置棺高度一般距离地表26～50米，最高者达100米。置棺方式，一为木桩式，即在峭壁上凿孔2～3个，楔入木桩以支托棺木；二是凿穴式，即在岩壁上凿横穴或竖穴，以盛放棺木；三是利用岩壁间的天然洞穴、裂缝盛放棺木——无论采取哪种置棺方式，棺木均远离地面，不受地面潮气的侵袭，从而得以长期保持干燥的环境，同时，高悬的棺木还避免了动物的破坏。这是悬棺不朽的首要条件。

其次，绝壁处置放的棺木，其气象要素的考虑可以说达到了尽善尽美：棺木置放于当地盛行风向的背风方，既避开了长期风吹，又避免了雨雪等飘落到棺木上来。此外，由于突出崖壁的遮挡，棺木不但淋不到雨雪，而且阳光也不能直射到——没有风吹雨打，也没有烈日暴晒，棺木风化的可能性很小。它们静静地悬

挂在陡峭的山崖上,一任时间如流水,一任千年成一瞬。

　　当然,棺木自身的通风也是很充分的,不管是哪种置棺方式,棺木底部均未直接接触岩面,而是垫置有小圆木,这使得棺木和崖壁间的空气可以畅通无阻,形成充分的对流,从而保持了棺木的干燥。从开启的悬棺中,可以看到完整的死者骨骸,虽不及木乃伊完整,但对地处湿润地区的悬棺来说,也是一件奇迹了。

　　对世人来说,悬棺还有很多不解之谜,扑朔迷离,如重达500千克的棺木是如何放置到陡峭悬崖上去的,对此就有四种说法,一说凿岩为路,待棺柩安放停当和崖画绘制好后,再把路毁掉;二说如修埃及金字塔样,先用土填埋崖壁,尔后再挖去填土;三说搭厢架;四说从崖顶放绳索。目前比较趋向的是从崖顶放绳索的说法,因为按当时当地的条件,用前三种方法似乎不是很现实。

　　千年悬棺,如同奇异的巴山蜀水一样,仍等待着世人去走近,去探索,去发现……

编者注:神秘悬棺千年不朽之谜,说简单也简单。无非是棺木不接触潮湿地面,不受风吹雨淋,没有烈日暴晒。而什么情况下能满足这些条件呢?想来想去,大概也只有悬棺这个办法了。但我可以补充一点,即通风对保护棺木的作用。因为悬棺一般很高,高则风大。在当地这种潮湿气候条件下,如果没有较大的风经常吹干蒸发水分,棺木岂不很快就腐朽了?

《气象知识》2008(2)

猎塔湖真有"水怪"吗

姜永育

在四川省九龙县城附近的山上，有一个叫猎塔湖的高山湖泊，多年来，湖中频频出现怪物，搅得当地沸沸扬扬。一批又一批的猎奇者为此不远千里来到九龙，争相目睹怪物，并试图揭开它的神秘面纱。

那么，湖中怪物究竟是什么？它是不是人们传说中的"水怪"呢？

一个十分寻常的湖泊

九龙县，是青藏高原东侧的一个高原小县。猎塔湖所在的景区距县城 15 千米，整个景区面积约 100 平方千米，长 40 千米，原始、古朴、神奇而神秘。

景区内的众多高山湖泊（当地人叫"海子"）平滑、光亮，像一面面巨大的镜子，将雪峰冰川、蓝天朝霞、森林草原等倒映其间，形成一幅水、天、山、雪一体的优美画面。游人到此，心中无不产生"青山多胜事，赏玩夜忘归，掬水月在手，弄花香满衣"的诗情画意。

猎塔湖，便是这众多湖泊中的一个。湖泊的形成，主要来源于皑皑雪山消融的雪水。湖泊面积只有 1 平方千米左右，站在湖边的高地上，可以将整个湖面一览无余。湖水清澈、明净，看上

去深不可测，加上湖面倒映着蓝天白云、青山绿树，更给人一种万丈深壑的感觉。

然而，就是这样一个看似寻常的湖泊，却屡屡出现了不可思议的怪物，令当地人谈之色变，众多游人闻讯纷至沓来，科学工作者也前来解谜释惑。

湖泊里，真的存在着"水怪"吗？

千年藏经记载的传说

关于湖中"水怪"的传说，在世界各地比比皆是。中国"水怪"传说比较有名的是新疆喀拉斯湖"水怪"和长白山天池"水怪"，不过，这两个地方的"水怪"直到现在仍然扑朔迷离，人们无法解开谜底。

猎塔湖里有"水怪"的传说，在九龙县已经有很长的历史了。

在九龙县一个叫吉日寺的喇嘛庙里，保存有一本千年流传下来的藏经，经书上赫然记载猎塔湖里有宝物！至于是什么宝物，经书里没有说明，也没有过多的描述。然而，正是这一记载，激起了人们探索的激情和寻宝发财的欲望。千百年来，一批又一批的人来到猎塔湖寻宝和探秘，但谁也没有找到真正的宝物，他们中的一些人，倒是遇到了令人匪夷所思的"水怪"，并感受到了极大的恐惧和骇怕。

在很多当地人的眼里，这个"水怪"已经具有某种超凡的魔力。人们传说，它能影响一个人一生的命运：好心的人看到它，就能得到福气和金钱，一生平安；而心术不正的人，上山看到"水怪"以后就会倒霉，遭到惩罚。这些传说，在当地人的心理上产生了持续长久的影响。

那么，这个"水怪"到底是什么模样呢？

众说纷纭的水中怪物

　　湖中的"水怪"传说，虽然千百年前就已经存在，但真正引起人们广泛关注却是近年来在这里出现的现象。

　　过去，猎塔湖一带由于沟壑密集，森林茂密，平时鲜有人来。1994年的一天，有个当地人偶然来到猎塔湖边采摘蘑菇。正当他采摘甚丰时，突然之间，湖面上风生水起，天气突变，随着一声巨响，一个神秘怪物从湖中跳出来，据他讲述，那怪物长得像远古时代的恐龙，模样十分可怕。几天后，好奇的人们在他的带领下来到湖边，结果在浅滩上发现了一些凌乱的牦牛尸体。"这地方没有出现过大型野生肉食动物，牦牛肯定是被水怪吃了！"人们惊骇不已，相互转告，于是"水怪"的传说不胫而走，越传越烈。

　　此后，一批又一批的猎奇者来到猎塔湖，都想一睹水怪的真实面目。1998年，有个当地人在猎塔湖边苦苦守候，终于用摄像机拍摄到了一个神秘现象：平静清澈的湖中突然出现浪花，浪花像车轮一样，把水搅成逆时针方向旋转，而漩涡底下好像有动物在移动，几分钟之后，这一现象消失，整个湖面又呈现出平静安详的景象。这段录像流传出去后，猎塔湖名声大振，前来探索"水怪"者络绎不绝。但"水怪"仿佛在与人们作怪，能看到它的人寥寥无几。

　　2004年6月，两个村民在湖边休息时，突然间大风骤起，黑云堆积，湖中传来一阵巨大的响声。一个村民闻声看去，只见湖中掀起了阵阵巨浪，转瞬之间，湖面上突然钻出了一个奇怪的动物。惊慌失措之下，两个村民只看到怪物头长近2米，远远看去像条大蟒蛇。片刻之后，怪物便沉入了水中。

　　时隔一年之后的8月，有个本地画家在猎塔湖写生时，也看到了传说中的"水怪"：当时天气突变，狂风大作，他看到湖中

出现了一个将近20米长的神秘怪兽,怪兽头上似乎还长有一个冠子,它在水中旋转翻腾,激起了阵阵大浪……

为了探索猎塔湖怪的秘密,2005年10月中央电视台《走近科学》摄制组也来到了猎塔湖。记者们在湖边的岩石上架起摄像机,静静地等待那个神秘动物的出现。下午4时左右,原本晴朗的天气突然发生了变化,湖面上空竟然飘起了雪花,就在此时,他们发现在对岸附近的水面上出现了一片可疑的迹象,湖面似乎被什么东西在水下搅起了一个个巨大的漩涡,而且旋转的速度十分惊人。在不到一个小时的时间里,这种奇怪的现象频繁出现,仿佛是"水怪"在湖底兴风作浪,令人十分惊疑。

人们看到的"水怪"都不一样,那么"水怪"到底是什么呢?它是不是真实存在的生命体呢?

难以信服的种种猜测

对猎塔湖中出现的"水怪",人们给出了各种各样的解释和猜测。

第一种猜测:史前遗留下的恐龙后代。针对一些目击者看到的类似恐龙模样的"水怪",有人提出:湖里可能真的生存着远古恐龙的后代。但这种说法很快就被否定了。因为恐龙很早就已经灭绝,目前全世界还未发现有活着的恐龙存在,而且猎塔湖只是一个年轻的高原湖泊,它是在恐龙灭绝之后才形成的,湖里有恐龙的说法显然不堪一击。

第二种猜测:湖里有大蟒蛇生存。因为一些目击者看到了长得像大蟒蛇似的"水怪",于是有人说湖里可能生存着一条或者几条巨大的蟒蛇。但科学家们经过推理,也否定了这种说法。因为蟒蛇一般都生长在热带地区,它们需要大量的太阳热能、丰富的食物来维持生长和活动,在常年平均气温只有几度的猎塔湖,即使把大蟒蛇放进去,它也会很快因冻饿而死亡。

第三种猜测：湖里有大鱼或其他较大的水生动物。在排除了前两种说法后，有人提出：湖里是否有像新疆喀拉斯湖那样巨大的鱼类或其他水生动物存在。因为猎塔湖和喀拉斯湖一样，都属高原冷水湖泊，既然喀拉斯湖的红鱼可以长到十多米长，那么，猎塔湖里的鱼也完全有可能长得很大。但人们在经过实地考察后，认为猎塔湖根本不具备大鱼生存的条件：猎塔湖水虽然很深，但面积较小，没有大鱼生存所必需的食物链。人们在湖边考察中，只发现了一些小鱼和山溪鲵。山溪鲵的个体很小，只能长到23厘米长，当然更不可能成为"水怪"了。

第四种猜测："水怪"是龙在兴风作浪。一位目击者在看到湖中出现的"水怪"后，凭着记忆将它画了下来。从画像上，人们看到了一条民间传说中龙的模样。对此，迷信者解释说，猎塔湖"水怪"其实就是天上的龙王爷在兴风作浪。但在现实世界中，"龙"是根本不存在的，这种说法当然就更不可信了。

既然以上几种说法都站不住脚，那么，猎塔湖"水怪"到底是什么东西呢？

"水怪"是一种奇特的天气现象

众多目击者的叙述中，都有一个共同的奇怪现象：每次水怪出现的时候，无一例外地都伴随着天气的剧烈变化。

难道湖面上天气的变化和"水怪"之间存在着某种必然联系吗？它会不会是像当地人所说的那样，猎塔湖"水怪"具有呼风唤雨的能力呢？带着这些疑问，有关专家经过深入分析和考察研究，终于揭开了"水怪"的神秘面纱。

原来，猎塔湖中出现的水怪，其实是天气和地形原因共同造就的，它是一种奇特的天气现象。而这种天气现象的形成和出现，可谓是占据了"天时"和"地利"之便。

天时，是指猎塔湖所在的地区天气十分复杂。猎塔湖的位置

海拔在4300~4700米，这里是典型的高原高山气候，天气复杂多变，冰雹、大风、雨雪等天气现象随时都会发生，特别是夏季天气更是变幻无常，炎炎烈日一遮，大风四起，雨雪很快就会从天而降——复杂多变的天气，可以说是"水怪"现身的必要条件。

地利，是指猎塔湖所处的地形环境十分独特。猎塔湖三面环山，且每一面山都有很深的沟壑，山头和沟壑均生长着茂密的森林。猎塔湖在三面山的环抱之下，就如一个婴儿安详地睡卧在簸箕之中。这样一个特殊的地理环境，为"水怪"的出现提供了客观条件。

有了"天时地利"之便，那么"水怪"是如何形成的呢？

原来，在白天，猎塔湖在炽热阳光的照射下，湖水表面温度渐渐升高，使靠近湖面的热空气不断上升，并与高处的冷空气相遇，冷暖空气一交汇，很快就形成了降雨降雪现象；而且由于下面温度高，上面温度低，大气层结构很不稳定，极易出现强烈的对流天气，使得空气呈现剧烈上升现象。

猎塔湖上之所以会出现旋风，这是由于西侧山谷中不断有横向风吹来，当这股"横风"与湖面上的对流空气相遇时，就有可能使空气旋转起来。如果旋风较大，就会带动湖水转动，看起来就像一条巨大的鱼在游动。若湖面上出现的旋风不断增强，就会因为旋风中心气压减小而把湖水吸向空中，从而出现另一个奇观——水龙卷。

众多目击者看到的"水怪"各不相同，乃是因为当时的旋风强度不同：旋风较弱，目击者便只能看到湖面上出现漩涡，疑似水怪在湖底兴风作浪；如旋风较强，将湖水吸到空中形成水龙卷，目击者在当时的恐慌心理影响下，便会看到类似"蟒蛇"、"恐龙"等令人十分惊恐的"水怪"了。

编者注：猎塔湖有"水怪"看来是事实。但我补充两点。第一，根据气象学原理，白天中水体（特别是深水）是凉于周围陆地

的。因此强对流天气一般不易发生，移来的强对流天气系统经过时也常常绕道；第二，横风进入湖盆区，遇到对面山坡，也会形成局地旋风，并不一定需要对流天气系统。这种天气也不可能是水龙卷，因为水龙卷是从巨大的积雨云中垂下来的，目击者不可能只见"水怪"而对规模、威力巨大的龙卷视而不见（实际上早该逃走了）。而且青藏高原上一般也不可能产生诞生龙卷风的巨大的热力性积雨云。但是本文提出和确认了这种"水怪"是天气原因造成的（尽管解释目前还不很圆满），从而破除迷信，这是一大功绩。

《气象知识》2008（1）

敦煌"魔鬼城"奇观

陈昌毓

我国大西北旅游名城敦煌,其莫高窟辉煌的石窟艺术,鸣沙山的雄伟和丝竹管弦之声,月牙泉的奇特和瑰丽,早已享誉海内外,与这些风景点相媲美的雅丹地貌群落——"魔鬼城",却鲜为人知。

玉门关外"魔鬼城"

出敦煌城,沿着丝绸古道西北行,约摸100千米的路程,便到达了因唐代诗人王之涣的诗句"羌笛何须怨杨柳,春风不度玉门关"而声名远播的古玉门关。再从这个丝绸古道北路必经的关隘出发,沿着古老的疏勒河谷继续西行,途经汉长城、河仓城和一些烽燧等古迹,还能看到一些小面积的沼泽、草甸,行约80千米后,在广阔的黑色戈壁滩上有一处典型的赭黄色雅丹地貌群落,东西长约25千米,南北宽约1~8千米,面积约100平方千米,敦煌人称之为"魔鬼城"。它地处库姆塔格沙漠之北,西面毗邻罗布泊,行政隶属于敦煌市。

19世纪末,瑞典著名探险家斯文·赫定对罗布泊附近及其以东地区的风蚀地貌进行了详细考察后,采用维吾尔语"雅丹"来命名这种独特的地貌。从此,一个多世纪以来,"雅丹"就成为气候干燥多风地区这一类地貌的名称,流行于世。

大漠茫茫藏奇观

敦煌玉门关外的雅丹"魔鬼城",如果远观其形态风貌,酷似中世纪颓废了的古城。登上"城区"内一座很高的"城堡"极目远望,眼前的自然景观令人为之一惊:这座特殊的"古城",有"城郊"、"城墙"、"街道"、"广场"和鳞次栉比的"楼群",还有造型各异的"塔林"、"亭台楼阁"、"雕塑"和"飞禽走兽"等,其形象生动,惟妙惟肖,令世人瞠目。这些成因相同、形态风貌各异的地貌组合体,高差一般在20~30米之间,最高者可达50米左右。可以说,世界上许多著名的建筑,如北京天坛、西藏布达拉宫、埃及金字塔和狮身人面像、阿拉伯清真寺……大千世界的景象:调皮的熊猫、游弋的海龟、巨大的酒坛、戏水的鸭子、跋涉的骆驼、出海的舰船……都能在这里寻找到它们的缩影或影子。置身其中,宛如走进了一个庞大的世界建筑艺术博物馆,又像是走进了一个雕塑艺术公园或一个迷人的

童话世界，让人移步换景，目不暇接，为大自然的鬼斧神工惊叹不已。面对大自然赐予人类的这些杰作，纵使想象力丰富的诗人和画家，恐怕也会深感画笔太笨拙，不能逼真地把它们再现出来。

20世纪初，著名探险家斯坦因在赴敦煌途中经过玉门关"魔鬼城"时，被这里的奇异景象惊呆了，他在考察笔记中写道：这样的奇观在他的考察经历中真是见所未见。1999年秋季，由中科院院士李吉均率领的地理、冰川、沙漠等学科专家教授组成的考察团，对"魔鬼城"这片神秘的地区进行了详细考察后，一致认为：这里集中连片、造型丰富多彩的雅丹地貌，堪称世界罕见的自然奇观。现在，敦煌市政府已将玉门关"魔鬼城"列为重点地质地理生态保护区。

敦煌雅丹地貌群落之所以被称为"魔鬼城"，是因为它的地貌形态异常诡谲；再者，这里地处戈壁沙漠大风区，每当夜幕降临之后，尖厉的漠风发出恐怖的呼啸，犹如千万只猛兽在怒吼，令人毛骨悚然。

雅丹奇观话成因

"雅丹"这个地理学名词，维吾尔语的原意是指气候干燥多风地区"具有陡壁的小丘"，后来泛指风蚀垄脊、土柱和风蚀沟槽、洼地的地貌组合，而且其垄脊、土柱与沟槽、洼地成平行并且相间排列，顺盛行风向伸展。

据地质地理学家研究，敦煌雅丹"魔鬼城"位于新疆罗布泊之东，古地质时期属于罗布海的海湾。在这个地区，自从高大的青藏高原隆起后，南面印度洋的暖湿气流就不能到达，其东面遥远的太平洋来的暖湿气流已成强弩之末，西面来的水汽被帕米尔高原和天山所阻挡，所以气候变得异常干旱，古罗布海逐渐缩小为罗布泊，其以东变成干涸的海底，后来又成为古疏勒河下游

宽阔的河谷。

　　罗布海湾干涸后，留下了大面积深厚的沉积物，在此基础上，以后古疏勒河又堆积了大量的沉积物。这些沉积物以泥土为主，其中含有大量聚砂和石膏胶结层。由于气候干燥，大部分泥质沉积物干缩而产生龟裂，在流水不断冲刷和盛行风的长期吹蚀下，裂隙逐渐扩大，并且搬运走沉积物中疏松的砂土，留下坚硬的泥土层和石膏胶结层，于是就形成了一系列平行并且相间排列的垄脊、土柱与沟槽。这就是我们现今看到的敦煌雅丹"魔鬼城"，它的形成经历了大约30万年到70万年的漫长岁月。

　　从敦煌雅丹地貌分布的位置来看，它们均处于古疏勒河谷的出口处，总体展布方向与河谷延伸方向一致，也就是说，与古疏勒河自东向西的流向一致。由此可以推断，敦煌雅丹"魔鬼城"的形成和发育，与河谷洪流对平坦而深厚的沉积物长期切割有关，此后又经过盛行风——强劲西风长年累月的风蚀作用，从而演化成垄脊、土柱与沟槽，大体呈东—西向伸展的地貌景观。

《气象知识》2002（1）

刚果（金）飞机故障，百余乘客被抛出舱外
——离奇空难与大气压力有关

王奉安

2003年5月8日晚，刚果（金）向乌克兰租用的一架俄制伊尔—76型运输机在从首都金沙萨飞往东南部的加丹加省首府卢本巴希途中，起飞后45分钟左右，在姆布吉马伊市上空，飞机的尾部舱门发生机械故障突然打开，导致机上200多名乘客中的约180人被抛出舱外从高空坠落死亡。当时的飞行高度在海拔2100至3000米之间。事发后，飞行员立即掉转机头，飞回了金沙萨机场。这架飞机看上去很陈旧，尾部舱门已不知去向。

目前幸存者中有9人正在医院接受治疗，他们所受的都是轻伤，部分人因惊吓而受到精神损伤。据一位幸存者回忆："当时舱门打开了，机舱内的气压骤然变化，很多人被抛了出去。我们被吓坏了，拼命靠向机舱前部，而行李在不断飞向舱外，其中有的行李击中了一些人的头部。"

幸存者穆卡拉伊说："我侥幸逃过此劫是因为被一个包装箱挡住。我当时睡着了，然后听见有人尖叫，当我醒来时，机长命令所有人都集中到机舱前部。我们当时有大约40人，但人们还在不断地坠出机外，最后只有大约20人幸存下来。"这架飞机及机组人员都属于乌克兰国防部，机上乘客大多是刚果（金）快速反应警察部队及其家人。在非洲，人们经常乘坐改装的运输

机旅行。这种飞机内部座位很少，多数乘客只能坐在行李堆中，根本没有安全带。

那么，百余乘客为啥被从飞机中抛出？从气象学和流体力学的角度讲，这与大气压力有直接关系。飞机当时的飞行高度在海拔 2100 至 3000 米之间，飞机内的气压高，飞机外的气压低，机内机外形成了强烈的动力气压差。当飞机尾部突然打开时，便产生了由机内指向机外的强大的气压梯度力，这种力足以把没有系安全带的乘客和没有固定的行李不断抛到机外。这与低压系统龙卷风降临房屋或车辆附近，使气压相对高的房屋或车辆由于气压差而发生"爆炸"的道理颇相似。

气压差恶作剧的例子很多。1997 年 1 月份，南非一个名叫卢苏的 9 岁女孩在独自乘坐"空中客车—300 型"客机的飞行途中，到卫生间坐在马桶上"方便"，不料她一下子被吸入这个抽水马桶中，不能自拔。于是她尖叫起来。机上乘务人员听到叫声后立即打开卫生间的门，发现了这一情景。机上人员用了许多方法都未能把卢苏解救出来。经过详细检查，发现是抽水马桶出现了泄漏故障，导致马桶压力骤减，出现了真空状态，马桶内外形成了很大的气压差，使女孩动弹不得。飞行员只好用降低飞行高度的办法，以减少飞机内外的气压差，卢苏这才被拉出马桶。

其实，类似的事件在我国也曾发生过。但不是在飞机上，而是在地面上。1978 年 6 月的一天晚上，在四川省洪雅县符场公社五星大队张坝河抽水站渠道口，一群十一二岁的女孩来到灌渠上，看见抽水机正在抽水，其中几个女孩脱掉外衣，跳进灌渠中玩水乘凉。有一个女孩看见抽水机抽上来的水从内径 20 多厘米的水管里涌出来，白花花的，分外有趣，便跑去坐在水管口上。此时，管水员下班，将电源开关拉下，抽水机停止了抽水。女孩紧紧地贴在了水管口上，走不脱了。大人们闻讯赶来，用力拖也拖不出，又拍拖坏了女孩的手臂，直到喊来管水员重新合上电闸，水重新涌出时，女孩才被救出，可是她已停止了呼吸。事

后，公社中学王老师对女孩的死因解释说，这是由于气压差造成的。在停止抽水时，水柱因自身质量变小，而女孩坐在水管口，堵塞了外界空气进入管内，使水管内出现了近似真空状态。缺少了向外对女孩的压力，外面的大气压力就迫使女孩紧紧地贴在管口上了。大气压力是惊人的。如果以1平方厘米表面上受到1千克力的大气压力计算，直接作用在女孩身上的大气压力就有300多千克力！所以人们是不能把她抱出来的。如果人们及时用一根竹片或其他细一点的棒子贴着人体和水管壁插入，只要露一点缝隙，空气就会迅速进到管子里去，使管内外大气压力相等，女孩就能得救。

编者注：本文揭示了三起因气压差引发的事故，有意义。但其中成因并不同。例如四川女孩受害主要是静压差（抽水管内外的气压差）造成。而高速飞行的刚果飞机则主要是因伯努利原理造成的动压差造成（二三千米高度飞机内外的静压差不大，即使机内是海平面气压，也只有大气压的20%～30%），动压差值只决定于飞机飞行的速度。

《气象知识》2000（3）

神秘的地震云

杨 军

1948年6月27日,日本奈良市的天空,突然出现了一条异常的带状云,好似把天空分成两半。此怪云被当时奈良市的市长键田忠一郎看见了。第三天,日本的福井地区真的发生了7.3级大地震。键田市长把这种"带状"、"草绳状"或"宛如长蛇"的怪云,称为"地震云",认为"地震云"在天空突然出现后,几天内就会发生地震。键田忠一郎的论断,得到了日本九州大学工学部气象学家的支持。1978年1月12日下午5时左右,键田忠一郎在奈良市商工会议所五楼礼堂讲话时突然看到窗外天空中飘动着一条细长的由西南伸向东北方向的红云。他立即停止讲演,向参加会议的大约三百多人宣布,那就是"地震云"!云的上浮力量很大,正要突破其他云层。"地震云"有时呈白色,有时呈黑色,这次因为发生在黄昏,所以呈红色,他估计在两三天内将发生相当大的地震。结果,第三天(1月14日中午)在日本东京以南伊豆群岛的大岛近海发生了7级地震。

我国古代有"天地感应"的说法,对地震云也早有记载,1663年《德隆县志》上有这样一段话:"天晴日暖,碧空晴净,忽见黑云如缕,宛如长蛇,久而不散,势必地震。"那么,天空出现地震云后,地震将发生在哪里呢?一般认为震源大体就在跟地震云相垂直的地方。如果在一次较大的地震之前,各地普遍出现了地震云,两位相隔很远的观察者都看到这种云,他们联系一

下，各自报出观测到的地震云的方向，画在地图上，那么，这两条云的垂线的交点，就是将要发生地震的地方。经中日两国有关人员验证，这一结论有一定的参考价值。我国研究地震云者也不乏其人，其中，沈阳军区某部干部董振海尤其突出。董振海现任辽宁省地震云研究会理事长。他从小就跟父亲学会了看云识天的本领。1975年海城地震后，他开始看云测震，坚持不懈。1978年7月6日，他发现了地震云，指出9天内"地震可能发生在东南沿海或台湾一带"，9天后台湾果然发生了7.4级地震。

地震云的高度为6000~7000米，有时出现在其他云层之下，有时出现在碧空之中。至于地震云为什么能预报地震，有人认为在震前，地壳聚集巨大能量，使空气势能增大，空气受热上升并在高空形成细长的稻草状地震云。地震云有时会出现在远离地震区的地方，有学者认为，这是因为地下岩石所承受的作用力集中的断裂带在震前就能把能量传到远处，使远处岩石也受到摩擦挤压，导致热量增加，地下热气流通过岩层逸出，上升到高空形成条状地震云。但二者的内在关系还有赖于科学家进一步探讨。

正因为对地震云能否预报地震及其原理上不很清楚，有关地震云的说法一直没有得到普遍接受，20世纪80年代某地电视台以地震云预报地震为背景拍摄了一部电视剧，就因此遭到一些批评。

我国一些科学家发现，卫星云图的高温异常区对地震预报有一定意义，凡卫星云图上的夜间升温范围达350万平方千米以上，在两周内全球可能发生8级以上强震，但具体地点上无法确定。

编者注：地震云一般是直线形状。但高空飞机在低温大气中飞过留下的凝结尾迹（俗称拉烟）也多呈直线。发现"地震云"，不应随便散布消息，应立即报告有关地震部门。

《地球》2007（3）

地（震）光之谜

许 林

古今中外大量震例表明，许多强烈地震在震前震时都伴随有神奇的发光现象，人们习惯地称为地光。我国是个多地震的国家。在3000多年的地震史料中留下了大量的地光资料，古人在《震兆六端》中写道："夜半晦黑，天忽开朗，光明照耀，无异日中，势必地震。"日本和意大利学者也对地光现象进行了详细的调查，收集了1000多例地光资料进行分析，并拍下了地光照片。建国后我国大陆发生的20余次7级以上强震中，大部分震区群众都观测到绚丽多姿的地光现象。1975年海城7.3级地震，震中区90%以上的群众都见到地光，1976年唐山7.8级地震共收集到地光现象230例。尤其临震前，从北京开往大连的129次列车在驶近震中区的古冶车站时，司机突然发现在漆黑的夜空中闪出三道耀眼的光束，掠空而过，并在空中留下了三朵蘑菇状的烟雾，司机当机立断，拉下了制动闸，紧急刹车，避免了翻车，利用地光预警保卫了1400多名旅客的安全。

从大量的震例资料看，地光有以下几方面特征。地光出现的时间，除与地震同时出现外，也有震前出现。如唐山地震出现于震前6小时至发震的瞬间，并以临震前10分钟最多。也有震前3～4天，甚至更长时间就出现地光。地光的形态和出现的时间有一定的关系，一般震前较早出现的地光无固定形态，主要是大面积发亮，光不耀眼，变化不激烈，持续时间较长，随着发震时

间的逼近，各种形态的地光相继出现，有带状光、片状光、球状光、柱状光等。并且亮度增加，变化激烈，发光时间短促，忽隐忽现，持续几秒至几分钟，形成高潮。地光的颜色五彩缤纷，蓝、红、黄、白、橙、绿等各色俱全，以蓝、白、红者为多。此外，还有少见的复合色，如银蓝色、绿青色等。地光出现的地点多在贴近地面的低空大气中。地光的范围一般不是出现在震中区的某一点上，而是出现在震中区相当范围内许多点上，如海城地震地光出现范围达200千米以上，不但山区、平原有地光，海上也有发光现象。唐山地震前秦皇岛附近海面就观测到海水发光现象。地光出现的方向也有规律，震中区地光多沿地质构造带出现，外围地区看到的地光多指向震中方向，地光出现的同时往往伴随有响声、怪味、电磁干扰等奇异现象。地光还会伤害人体和植物，海城地震震中区某些居民面部有不同程度的灼伤，几天后皮肤表面龟裂翘皮。唐山地震在郊区的农田里发现青椒有烧伤的焦斑痕迹。根据宏观调查表明，地光绝大多数在夜间被看见，但白天同样会出现地光，因白天天空太亮，不容易被人们觉察。

综上所述，地光现象丰富多彩，也反映地光的成因是复杂的。由于地光时间短促，至今尚未研制出观测地光的仪器来分析地光的物理性质和化学成分，仅凭肉眼观察，难免存在偏差。目前对地光的成因还没有完全搞清楚，还处在推想假说阶段，给地光抹上了一层神秘的色彩，主要有以下几种看法。一种是震前地下岩石受到剧烈的挤压，直至破裂时释放大量电子流，产生压电效应，激发周围空气使其闪烁发光。科学家在实验室对岩石的压缩破裂试验也证明岩石爆裂时会产生闪光现象。或者是深部地下水在震前强烈渗透，形成高压电场，使地表大气电场增强，携带不同电荷的气流发生中和放电，产生类似闪电的地光。另一种是地光可能与地下可燃性气体自燃有关，这些可燃性气体以地裂缝、井口、喷沙孔为通道喷出地表。还有人认为地光是地下放射性物质辐射使低空大气电离而发生地光等。

尽管目前对地光还缺乏深入研究，地光作为大地震前的一种前兆已被多次震例证实，使得我们完全有可能把它作为一种临震预报手段。

《地球》2002（3）

冰雪严寒的雅库西亚

余秉全 编译

雅库西亚是俄罗斯境内最大的行政区，它幅员辽阔，从鄂霍次克海往北，俄罗斯东北部的大部分土地都在它的版图之内。雅库西亚的气温，一年之中高低相差100℃，一般都在冰点之下。

在这个地区，放在户外的机器的钢材像冰一样脆而易折。卡车轮胎驶越坑洞沟槽时常会裂开，每个人都穿着皮靴或毡靴，人造皮革靴底在户外暴露10～15分钟就会龟裂。在雅库西亚，野狼依然常见，人们有时捕捉幼狼作为宠物。第一批完整无缺的犸猛尸体于1737年在该地区被发现，看来它们已在冰隙中至少贮藏了2万年。冰隙中的温度，比任何冷藏库的温度都要低得多。

地球上有案可查的最低温度，是1960年8月24日南极洲苏联科学站沃斯托克所记录下的-88.3℃，但全年有人居住的最冷地区是雅库西亚东北部的一个小村，大约有居民600人。这个名为奥苗康的小村位于海拔700米的一个山谷里。该村的气象站在1959年1月所记录下的最低气温是-71℃。

西伯利亚的极度严寒是西伯利亚冷高压所致。这是一种出现在西伯利亚的半永久性冷高压，因冬季的西伯利亚地区为冰雪覆盖，使近地层空气不断辐射变冷并逐渐增厚，以至形成一个庞大的寒冷气团。它常见于冬季，多形成于每年的10月，至翌年4月才消失。它会使这一地域的天气干冷，而同样纬度的北美洲某些地区则受太平洋暖气旋的影响，气候远没有这里寒冷。

自从 1917 年 10 月革命成功到现今的普京政府，历届苏联及俄罗斯政府都鼓励人民移居西伯利亚。西伯利亚地下的天然资源太丰富了，不能任其长埋地下，但迄今为止，开发地下资源只是纸上谈兵，其主要原因还是严酷的气候条件。

一位美国《时代周刊》杂志的记者在一篇报道中写道：我在 1 月 15 日离开莫斯科，那天的天气异常温和，到达雅库次克时已近凌晨 2 时，当时的气温是 -34℃。在机场迎接我的是一位摄影记者，他准备了一辆绿色的伏尔加型计程汽车，挡风玻璃是双层的，周围腻着孩子们用以造型塑泥的腻子，把玻璃粘住，是手工腻的，毫不均匀。双层挡风玻璃不妨碍司机往前看的视线，其他的玻璃窗却被冰霜掩蔽。司机想了解车后的情况时，只好打开车门把头伸出去探望。关于房屋的保暖办法，我在莫斯科所惯见的门窗都是双重的，但雅库次克的门窗却是三重，甚至四重的。

第二天，我有幸晋见了市长，市长对我说："我们的主要问题是永久冻土。我们的夏季既短暂又十分干燥，我们的寒暑气温差值极为悬殊，由冬季的 -60℃ 到夏季的 40℃，相差高达 100℃。如果春季寒冷，收成便不好，如果秋季来得早，我们便要尽力抢救农产品。西伯利亚地下的矿藏实在是太丰富了，我们希望美国能与我们合作来共同开发。"

覆盖西伯利亚大部分土地的永久冻土，给居民造成了许多困难。在它上面建筑房屋和进行耕种不但费事，而且还隐伏着危险，它的表面 1~2 米那一层的"融冻层"，夏融冬冻，用传统方法盖起的建筑物是靠不住的。在西伯利亚，东斜西歪和半埋在地下的木屋子到处可见。这种情况被称为"在融冻层游泳"。雅库次克所有新的公寓大厦都建在高跷之上，这些高跷深入冰冻层中，直达永久冻土层以下。屋底高出地面约 1 米，以免冬季由屋中外溢的暖气使融冻层融解。

该地的自来水供应可算是别出心裁，水管大多数是安放在地面上。理由很简单：水管如果安放在融冻层内迟早会因该层的冻

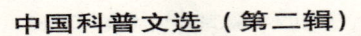

结、膨胀、融解而破裂。装在地面上的水管易于触及，便于修理，但也因此而暴露于寒冷的空气中。于是来自勒拿河深处的水（河面冻结，冰厚4～6米）在水管中流动时，每隔数十米就要加热一次，以防冻结。雅库次克跟许多俄罗斯城市一样，全市的热水和暖气统一由以煤气为原料的蒸汽厂供应。

苏联当局鉴于扰动永久冻土必然危及环境，所以在"二战"前不久设立了"永久冻土学院"，学院设于雅库次克，是苏联"科学院西伯利亚分院"的一个支部。该学院与外界完全隔绝，有一连串绝寒绝热的门户可通。建筑物之下是它吸引游客的主要所在，那里是一个筒形深井，直达永久冻土的核心地带，可藉此直接观察永久冻土并进行各种实验。在钨灯照射之下，冲积沙土中的无数冰结晶体闪闪发光。这里的空气非常宁静，深井的温度永远保持在-31.5℃，比外面要温暖得多。

永久冻土在北半球分布甚广，接近地球陆地总面积的20%。它占阿拉斯加土地的80%，俄罗斯的70%，加拿大的50%。南极洲的土地几乎全部在永久冻土带内。

位于雅库次克东北800千米的乌斯特·尼拉是俄罗斯的重要金矿场。它和奥苗康村都是在一个名叫"奥苗康谷"的绵长山谷中。这两个地方的温暖空气上升而形成了一顶笼罩着山谷的"帽子"，较为凝重的寒冷的空气则沿着各大山的山侧下降，聚积于盆地底部。气象学家把这种情况称为"负辐射平衡"，意思是指从太阳获得的能量少于从地球向上辐射的能量。这个山谷的温度在-20℃以下时，整个山谷就会被雾笼罩。

每年6月，这个山谷每天24小时都有阳光。苏联和现今俄罗斯当局的政策是竭尽全力令西伯利亚的居民安居乐业，并令他们的生活足以吸引外来移民，因此他们有人造卫星转播的三个彩色电视节目可看，有传递信息的无线电话可用。新鲜农产品的空运供应十分充足。

这个地方埋葬死人的办法也颇为奇特，晚上生火，使土地软

化，第二天才掘土埋葬，和古代猛犸的尸体一样，埋葬于冻土下的雅库次克人的尸体也经久不腐烂。由于天气太寒冷，这里的人患伤风、心绞痛、流行性感冒和黏膜炎等病的人很多。

西伯利亚的名菜是"斯特罗甘尼那"。那是直接从印第格尔卡河运来的冻鲜鱼。鱼一离水接触到冷空气便冻僵，厨师不加烹调，只用剃刀般的锋利薄片刀把鱼切成长长的薄片，蘸着从莫斯科运来的鱼子酱吃，就像是吃冰激凌一样。

来此地的游客几乎都去奥苗康村，参观曾记录-71℃气温这一空前纪录的气象站。那气象站是用木材建成的温暖的小屋。仪器安装在屋外的许多百叶箱里，像一只只大鸟笼。

该地杂货店中所出售的牛奶为砖状，每块重7千克，相当于6.8千克牛奶，售价是每块约4美元。全村由一簇单层的木屋组成，列成长方形。最大的房子是该村的学校。由于聚居于奥苗康村的几乎全是雅库特人，学校里的初级课程用的是当地方言，从9年级起则兼授俄语作为第二语言。

雅库西亚是一个水晶世界，别有风味，是值得一去的。

编者注：雅库西亚位于西伯利亚东北部，今为俄罗斯联邦的萨哈（雅库特，Yakutiya）共和国。文中"负辐射平衡"用词并不准确。因为"负辐射平衡"指的是，当地地面和大气向宇宙空间辐射散失的热量多于从阳光得到的热量。但光是负辐射平衡还不一定能形成雅库西亚的气候（全天）逆温现象。例如我国准噶尔盆地冬季也是雅库西亚这种情况，越低越冷，越高越暖。但是，和准噶尔盆地同纬度的我国东北地区，冬季比准噶尔还冷但却无此现象，这说明气候逆温主要是因盆地地形造成的。

文中南极洲的极端最低气温-88.3℃，是旧纪录，新纪录是-89.2℃（1983年7月20日出现）。

《气象知识》2000（6）

千年干沟泛洪水

邓白连

从托克逊乘车向南，不久即进入干沟，但见沟的两边悬崖峭壁，沟身蜿蜒曲折，约有八十多个拐弯，有的地方绝壁蔽日，沟身十分狭窄，急拐弯处近180°，没有出色的驾车技术，要想通过这条天险干沟，真要捏一把冷汗。在穿过干沟时，从岩石结构上，你还能隐隐约约看到古代海洋留下的痕迹，这是通往塔克拉玛干沙漠的唯一通道，有名的干涸山沟。

每逢盛夏季节，这个千年干沟就可能暴发山洪，有时可形成两米高的洪峰。洪水夹着沙石滚滚而下，放眼望去，像是一条银蛇，过路的人们常常防不胜防，弃车而逃。

1979年7月上旬，干沟暴发了一次洪水。有16部大小汽车冲翻在干沟中，一名司机被洪水卷走，损失达几十万元。我们再来看看新疆其他几次干沟洪水的情况。

1975年9月7日清晨4~5时，米泉县的甘泉堡，在一条干沟所在的区域出现了短时暴雨。据目击者回忆，4时左右出现一次雷暴，紧接着倾盆大雨从天而降。大雨时间估计约10分钟。5时左右干沟洪水猛涨，倾泻而下，声响很大，几十斤重的大石头、汽油桶被冲走，新修的河坝被冲坏。由于干沟河床浅，洪水溢沟而出，形成一股汹涌的洪峰。干沟内有数十名知识青年临时定居，就在当天晚上遭受了不测。

吐鲁番县终年少降水的火焰山，在1981年7月19日暴发山洪，洪峰流量达311立方米/秒，水深3.5米，而吐鲁番气象站

实测降水量仅 1.8 毫米。这次洪水冲毁作物 1.3 万余亩，冲走大小树木 23 万余株。

1984 年 5 月 23 日下午，三屯河上游大洪沟出现一次罕见的山沟洪水。这次洪水出现在东西向的山谷中，山谷东西长 16 千米，南北宽仅 7 千米，暴雨区平均降水量 30 毫米，暴雨中心降水量接近 100 毫米，历时只有一个多小时。当时雷电交加，是积雨云下雨（昌吉的平原地区仅降雨 0.5～2 毫米），形成一次典型的山沟洪水，洪峰最大高达 7 米，最大流量达 719 立方米/秒，洪水维持了 1 小时 40 分，和暴雨时间相当。

1958 年 8 月 12 日～14 日，塔克拉玛干沙漠北缘的库车县暴发洪水，老县城被冲毁，人民生命财产受到很大损失。这次洪水也是在天山山沟汇流而成，其规模及强度特强。降水中心在伊犁河谷的特克斯河流域至天山腹地大尤尔都斯盆地一带，中心雨量为 116 毫米（库克苏水文站），6 小时 20 分钟内降雨 56 毫米；焉耆气象站 20 分钟降雨 54 毫米。急骤的暴雨使河水猛涨。

新疆境内山地占有很大面积，山区地质构造复杂，地貌类型很多，处处布满山沟，有些山沟几乎终年无降水。例如吐鲁番南边的库鲁克塔格山，是非常干燥的荒漠山区。而有些山沟，尚有潺潺流水，缓缓从山区流出，山沟两边水草丛生，气候温和，是放牧的好地方，牧民喜欢在沟内短时定居，一旦出现突发性洪水，常常遭受到不可估量的损失。

山沟洪水季节性强，多发生在盛夏，有时间短、强度大、局部性强的特点。常常是沟外晴彤彤，沟内雨淋淋。平原小雨，山区暴雨，山沟汇集的洪水在戈壁沙滩中消失殆尽，如能在山沟出口处建一些简易的、隐蔽式的小水库，把这些宝贵的雨水收集起来免遭流失，造福于人民，其经济效益将是十分明显的。

编者注：干沟有洪水，是因为周围高山上可有较大降水。但是，干沟建水库要慎重，因为这里洪水极少而蒸发量却极大。

《气象知识》2003（4）

蝴蝶扇起了龙卷风

王晓侯

"老爸,您看过这个片子吗?"我从书包里摸出一张光盘递给老爸。

"《蝴蝶效应》?"老爸看了一下片名,"没看过。"

"老片子,据说可好看了!"

我急不可待地吃完晚饭,就钻到自己屋里欣赏起《蝴蝶效应》来。片子果然精彩,看得我连老爸什么时候进屋来都不知道。

"看完了?"老爸问,"怎么样?"

"棒极了!不过……"我犹豫了一下,"电影名字干吗要叫《蝴蝶效应》?里面也没看见蝴蝶啊。"

"怎么跟你说呢?"可能觉得我的问题不太好回答,老爸反问道,"你听过这种说法吗?话说在南美洲亚马孙河流域的热带雨林中,有一只蝴蝶,那天它无意中扇动了几下翅膀,没想到两个星期后就让美国的得克萨斯州刮了一场龙卷风。"

"这,这怎么可能呢?太夸张了吧!"

"看起来夸张,其实不是没有道理。"老爸说,"你看,蝴蝶的翅膀轻轻一扇,会产生很小的气流,这股小气流又会引起周围空气的变化,周围空气的变化又会影响到天气的变化。谁敢说这些变化最后就不会引起一场巨大的龙卷风呢?"

老爸说得好像挺有道理,可我怎么听着却像是诡辩似的。

"你以为'蝴蝶效应'是随便编出来的？那可是来自科学家的一篇论文呢！"

老爸说的这位科学家是美国麻省理工学院的气象学家洛伦兹。1963年他试着用电脑解方程的方法来预报天气。在一次试验中，为了得出更精确的结果，他把一个中间数据 0.506 取出来，用比它精度更高的 0.506127 代入电脑运算，然后就去喝咖啡了。等他回来后再看电脑时却大吃一惊：本来 0.506 和 0.506127 只有很小的差异，按说它们的结果也应该相差不大。可没想到的是，得出的结果却相差了十万八千里。

洛伦兹不相信会是这样，又验算了很多遍，结果还是一样。于是他得出一个结论：在某种情况下，一个微小的误差会不断发展，最终造成惊人的巨大差异。

后来，洛伦兹在美国科学发展学会发表了一篇论文，他举的就是这个蝴蝶扇翅膀的例子。他想证明的是，天气预报太难报准了，因为经常会有一些非常小的因素，就让整个天气情况变得和预想的完全不一样。

"这就是'蝴蝶效应'。"老爸说，"这在数学上有个专有名词，叫'混沌'。"

"馄饨？"我突然想起了今天的早餐。

"就知道吃。"老爸瞪了我一眼，"是'混沌'，不是'馄饨'。"

我有点明白了，刚才那部《蝴蝶效应》电影就是这样讲的：主人公小时候遇到的任何一个微小事件，就像那只稍稍扇了一下翅膀的蝴蝶，都对他的成年生活产生了巨大影响。

"西方有一首民谣也和'蝴蝶效应'的意思差不多。"老爸边说边念起来，"丢失一个钉子，坏了一只蹄铁；坏了一只蹄铁，折了一匹战马；折了一匹战马，伤了一位骑士；伤了一位骑士，输了一场战斗；输了一场战斗，亡了一个帝国。"

真有意思！马蹄铁上丢了一个钉子，本来是一件不起眼的小

事,可它转来转去却可能影响到一个帝国的存亡。老爸说,这就是社会学中的"蝴蝶效应"。

"别看'混沌'是一种数学理论,我觉得它那种小变化产生大影响的深刻思想在很多地方都适用。比如说——"我以为老爸又要拿我说事呢,没想到他讲了个故事,"美国福特汽车公司名扬天下,可当年福特却是因为一张废纸才踏进公司大门的。"

那时候福特刚刚大学毕业,他到一家汽车公司应聘。一同应聘的几个人学历都比他高,福特觉得自己没希望了。当他走进董事长办公室时,发现地上有一张废纸,便弯腰捡了起来,扔进了垃圾篓。董事长把一切都看在眼里。"很好,福特先生,你被我们录用了。"就是那个不经意的动作,使福特开始了他的辉煌之路。

我明白老爸的意思,我想我也会扇好每一次翅膀的。不过我不想告诉他,省得他老拿我的"翅膀"说事,多烦哪!

编者注:洛伦兹不久前去世了,但他的"蝴蝶效应"留下来了。不过,我认为,文中的"蝴蝶扇起了龙卷风",只是一个比喻,实际上不会发生。因为他只是用蝴蝶效应作比喻,说明在天气变化过程中,微小的偶然差异,发展下去就会导致很不相同的天气结果产生。后来演化成为世界上某些偶然小事会造成很不相同的结果,告诫人们取得成功要从小事做起,对小事不能疏忽。这就更具社会意义了。

《我们爱科学》2007(10,上)

雷击疑案

隋万起是内蒙古宁城县的一名律师。一天,他在朋友的宴席上,听到了一个令人匪夷所思的传闻:一个头颅都没有了的人,在死后两天火化时,尸体在火化炉里爆炸了!竟有如此怪事?大家对此颇觉蹊跷。接着,老隋又从朋友那里听到了另一种说法:那人是坐在炕上吃饭时被雷劈死了,后来在火化炉里火化时又突然发生了爆炸。

随后,老隋了解到详情:死者叫王殿阁,死前正在家中办事。当时,他给有关人摆了两桌饭菜吃饭。上了两道菜后,哗啦一声响,只见王殿阁人往旁边一蹿就倒下了,大家上前一看惊骇不已:王殿阁的脑袋没了,血流如注!

怎么脑袋说没就没了?老隋百思不得其解,老隋来到宁城县殡仪馆,向火化工打听当时发生的情况。那火化工介绍道:火化前,他和同事掀开盖单看了一眼,发现死者头的上半部没有了,全是血,他们认为是被雷击而死亡的,即按程序把这个尸体推进了火化炉。在尸体火化单的死因一栏里,也写上"雷击"二字。

老隋隐约觉得此事并不那么简单:因为被雷劈死者会被烧焦,或雷电在身体上穿有洞孔,可尸体并没有这种迹象。而随后了解到的事实,更让老隋感到疑团重重:尸体在炉子里火化了约20分钟快要结束时,火化炉中骤然发出轰的一声爆炸巨响,紧接着,从火化炉里发现有一个被烧得通红的约长10厘米、直径3厘米的桶状金属!

王殿阁突然离奇死亡，使王家人沉浸在悲痛之中，而村里对王殿阁离奇的死亡也传出了"恶人遭雷击"的风言风语。王家人面对村里人的风言风语，承受着巨大的精神压力。而且只要是阴天，夜里一家人就都不敢睡觉，王殿阁死时的惨状在他们脑海里一遍一遍重演着。

王殿阁家人此时的艰难处境，深深触动了老隋。他决心管管这个闲事。在老隋的建议下，死者家属向当地公安机关报了案。这件奇案引起了警方重视：若王殿阁不是死于雷击的话，那当时到底发生了什么意外呢？不明金属物成了整个事件中的关键。

警方发现：此金属物基本呈圆桶开放形，一端大一端小，大的那端还依稀有内扣的细螺纹。很快，此金属物被交到痕迹检验专家手中进行鉴定。专家经过认真地研究和分析，又找来防雹炮弹与其进行比对，最后认为此金属物种类与防雹炮弹相同，故此金属物应是一个防雹炮弹的爆炸碎片残留物。也就是说：这是一枚防雹炮弹，在火化炉高温燃烧的状态下发生了爆炸。

那这枚防雹炮弹又是怎么进入王殿阁体中的呢？带着疑问，老隋和警方对小榆村的防雹情况进行了详细调查。原来，距此约三千米的两个防雹炮点，在王殿阁意外死亡的那天中午，都发射了防雹炮弹。因为当地种烤烟的农户较多，按上级要求，此地都有防雹炮发射点。通过走访在事发现场的村民，并结合实物、照片对照分析，专家、警方及老隋认为：王殿阁遭雷击是一种假象。王殿阁死亡那天，放防雹炮弹时恰好出现了一枚哑弹。这个有0.5千克重的防雹哑弹，从空中呈抛物线形下落时产生的重力加速度，导致其下落的速度极快，到地面时，速度产生的力量把屋顶的瓦击碎，又穿破顶棚，沉重地落下后击碎了王殿阁的头颅，进入到其腹部，并留在了其腹腔内，直到火化时才在高温的燃烧下发生了爆炸，留下弹体残骸。

此事终于真相大白，王殿阁的家人非常高兴。其女儿感激道：我爸终于洗清了被雷击之说的不白之冤，若其泉下有知，也

该瞑目了。

其后县政府出面协调，与厂家、气象局及有关上级单位，直接洽谈此事的处理。尽管气象局的操作并无不当之处，但他们还是对死者家属予以了8万元的经济赔偿。不久，气象局的领导还登门向死者家属道歉，承诺今后要做好防雹弹发射的安全防范工作。

在老隋和公安局的多方努力下，一起意外事件引发的风波终于平息了。村民们不再迷信五雷轰顶的传说，死者王殿阁的家属又堂堂正正地开始了新的生活。

编者注：此实乃人工防雹作业中的一个意外事故。防雹作业时天气一般是雷声隆隆的，所以才有"雷击"的假象。不过，这种意外事故罕有，我只听说这一回。

《科学与文化》2007（1）
《科学与文化》编辑部整理

庐山气象二奇
——雨上飘　云有声

黄小林

清初著名学者黄宗羲曾在《匡庐游录》一文中提到庐山有"三奇":"平生见雨,皆上而下,此雨自下而上,一奇也。闻者,雨声、风声,云之有声,今始闻之,二奇也。云之在下,真同浪海,小山之见其中者,天异蕴藻,三奇也。"黄宗羲所说的第三"奇",是指云海,或瀑布云是比较常见的一"奇",绝非庐山仅有。至于他所说的另外两"奇",却是庐山云雾中的奇特现象。为何庐山会出现"雨往上飞"、"云雾有声"这两种奇特的现象呢?

在每年的冬、夏两季,庐山往往会出现这样一道奇景:空中的降雨突然受某种力的作用,从深谷中往上飞。成团成片的雨滴,呈瀑布飞溅之势;又似团团白云,斜向上升。前面一团刚刚消失,后面的一团又跟着出现,如此连绵不断,有时达数十米长的一片直冲天际,蔚为壮观。究其原因,其实是庐山独特的地理位置所致。庐山孤立于长江、鄱阳湖之间,海拔1400多米,突兀高耸,四周又无高山屏障,湖陆风强劲。庐山的峡谷多呈喇叭形,峡口宽,峡底窄;越到峡底地势越陡;况且峡谷两侧峭壁千仞,渊深万丈,风从峡口贯进,由于受峡口两侧悬崖绝壁的挟束,风速逐渐加大,到了峡底,就成为一道道强劲的上升气流。当上升气流的力量超过雨滴的重力时,就足以把下降之雨抛向空

中，出现雨往上飞的奇特情景。

　　风有声、雨有声、云雾无声，这是人们常有的概念。但为什么人们会听到庐山云雾中有种种声音呢？这与庐山特殊的地形地势密切相关。在地质构造上，庐山属断块山地，山峰陡峻，峡谷幽深。又因庐山紧靠河湖，水汽蒸腾，云深雾重，加上风力影响，造成云随气流的运动与山谷激荡而发出种种声音。这与林涛声产生的原因相仿，林涛是无云时出现的风经过林间产生的涛声，而云声则可能是在云雾遮蔽之下，气流与山谷激荡所发出的声响。

编者注：庐山雨上飘的原因是因为谷底有上升气流，是由于进入山谷的气流被谷底逐渐抬升形成的，狭管效应又使上升气流得到加强。但我认为，进入山谷的气流并非湖陆风。这是因为湖陆风是湖陆之间温差引起的以日为周期的地方风，风力极小。而且更重要的是，湖陆风只有晴天才有，雨天恰恰是没有的。另一问题是，松涛声其实是和云无关的。只要有风，松林就会有松涛声。同样，庐山"云有声"实际上也与云无关。

《气象知识》2000（2）

蓬莱长岛三大景

刘文权

优良的地域组合

登州（今蓬莱）位于山东半岛北部的"驼峰"之上，历来以"八仙过海"的传说，登州海市的奇观、蓬莱阁以及水城的名胜古迹，被誉为"人间仙境"，驰名中外。

长岛（长山列岛，亦称庙岛群岛）罗列在蓬莱北部的黄、渤两海交汇处，因妈祖护海佑航的传说、秦皇汉武采集长生不老药的海上仙山、庙岛古建筑和海上太平湾的"庙岛塘"而闻名天下。

登州水道横亘于蓬莱、长岛之间，长31.5千米、宽6千米，东西走向。这里雾气弥漫，岛屿隐现，平添了几分神秘感。每逢晴日，站在蓬莱阁北眺，西起大黑山岛，东至大竹山岛，近处海面有16个岛屿横向罗列，尽收眼底。

良好的地域组合、特殊的气象海况、悠久的文化积淀，吸引了大批游人到此探幽猎奇，也激发了文人墨客"蓬莱阁上好作诗"的灵感。

虚幻的海市蜃楼

海市蜃楼是异地的、目力不及处的景物被折射到高空中，经不同密度空气层的传递折射到目力所及的海面（或雪原、湖面）的影像，其蜃景是虚幻的，可望而不可即的。它在目击者想象中，如车马冠盖，似楼亭村落。1974年暮春，"鲁长光"号渔轮自大沽前往庙岛群岛，途中忽见前方海平面上立起一座陌生的山峦，山顶林木摇曳，山间村庄依稀。船员们一边诧异地辨识着，一边建议船长改变航向，以防触礁搁浅，但是经验丰富的船长并没有轻易改航。果然，不多时迎面的山峦不翼而飞。这就是典型的海市蜃楼。

海市蜃楼的成像过程十分复杂。在光、大气、海洋等诸多因素中，若有一个环节不适宜，则不能成像。没有大自然各个关节共同签发的"通行证"，休想见其全貌。庙岛群岛占据渤海海峡五分之三的海面，地处山东、辽东和朝鲜半岛之间的黄、渤两海的分界线上。这一带海天开阔，空气污染程度低，海水透明度和空气能见度高，所以，不仅异地景物极易反射、折射于此，当地亦有接收反射物像的"天屏"和"海幕"。

综上所述，蓬莱、长岛一带海面上的海市蜃楼有以下几个特点：①海市蜃楼产生在脱离自然实体的空旷海面；②其"质"虚幻，"色"灰蓝，景物动静有变；③产生频次高的季节在春夏之交，东风雨后；④持续时间较短，少仅几分钟，多则半小时；⑤成像难度大，轻易不展尊容。

实体戏变的"哈哈景"——海滋

在庙岛群岛，时常可见到一种海上哈哈景——海滋。海滋是在特殊的气象、海况条件下，原来是目力所及的、常见的岛屿，

发生了形变。因其景观是从当地海面的实体处滋生的,故得名。海滋景观一般呈"蘑菇"状或"仙人球"状,岛屿两端翘起,只有"根"部着水。当海滋生成时,岛屿变得失去常态。有的岛屿"画蛇添足",有的"节外生枝",呈现"卑者抗之,锐者夷之"和"上下时翻覆,分合瞬息中"的景观。在海滋景象中,运行的船只离开了海面,似在天上航行。视者如入异国他乡,顿时错觉生异。这些奇观虚中有实,实中有虚,好似透过不规则的玻璃,呈现出"哈哈镜"的效果。但不管它变形到什么程度,人们仍能认出其真面目。

海滋形成的物理过程是:当冷海面遇到暖气流(或暖海面骤逢冷气流),海面空气层密度加大,形成一种"水晶体空气层"或称"雾状光带"。附近的岛屿或船只,在光的折射下便产生形态走样的现象。尤其是严冬季节,当寒潮过后,大风骤停,阳光和煦,能见度高,水温与气温温差大时,定有海滋景观生成,且变幻程度大,持续时间长。

笔者经过40多年的观察,注意到海滋景观的规律是:①上午东向易出,下午西向易见;②在海边观赏,实体变幻程度大,随着高度递增,虚幻程度相应递减;③观赏最佳距离在15千米左右,"太近、太远,海滋不显";④持续时间在1~3小时,最长可达5小时;⑤海滋一年四季可见;⑥海滋有"弱"、"强"之别;⑦水温与气温的差值在5℃以上,风力在3~4级以下,能见度高,其景观可以预报。

独具特色的登州海市

登州海市是登州独有的海上奇景,在以蓬莱阁为中心的沿海一带观赏,格外壮丽。当海滋景观出现时,十多个岛屿都粉墨登场,其景观虚实相间,场景幅面宽阔,观赏起来胜似海市蜃楼。登州海市与海市蜃楼不同,它不能在仰角20~30度的空中出现。

近些年，有些权威人士笼统地将海滋、海市蜃楼和登州海市统称为海市蜃楼。笔者认为，随着科学的进步，自然景观的分类应越细致、越准确、越科学。雪雨有别，雾霾两异，对事物的认识不能只顾其成因，而不计其背景和条件。

古人把蓬莱海上这样的自然景观称为登州海市，这已是约定俗成。登州水道海面上密度大的空气层，是形成登州海市的主要原因。登州海市确是在特定的地域、特殊的环境中产生的独具地方色彩的海上蜃景，它是由海市蜃楼派生出来的奇观。可以说，脱离了蓬莱，没有长山列岛作表演，就没有登州海市的生成。说得通俗一点：如果说蓬莱是"观众"，长岛是"演员"，大自然就是"导演"。登州海市与海滋是孪生姊妹，一母同胞。

历代的文人骚客在登临蓬莱阁时，留下了许多妙无伦比的海市佳篇，其中有两篇被公认为最具代表性。明代兵部尚书袁克立在《甲子仲夏登署中楼观海市》中云："……须臾蜃气吐，岛屿失恒踪。茫茫浩波里，突忽起崇墉。垣隅迥如削，瑞采郁葱茏。阿阁叠飞槛，烟霄直荡胸。遥岑相映带，变幻纷不同。峭壁成广皋，平峦秀奇峰。高下时翻覆，分合瞬息中……"清代山东学台、我国北方诗人施闰章在《观海市》中更是写实："……大竹盈盈横匹练，小竹湛湛浮明珠。方圆断续忽易位，明暗低昂顷刻殊……沙门小岛更奇绝，浮屠倒影凌空虚。有时离立为两人，上者为笠下者车……"（大竹、小竹、沙门均系岛名）这是对长山列岛戏变的典型描述，与今日的海滋如出一辙。

据笔者所知，最为壮观的一次登州海市出现在1988年6月17日，只见众岛忽连忽断，时高时低，有的山顶上还出现了倒蜃。戏变到高潮时，诸岛竟拉起"手"来，把多个"工"字联成一座多孔桥。景中，高楼拔地，烟囱林立，如同大都闹市，令人目不暇接。然而，无论大自然如何化妆，十多个岛屿怎样表演，海上景观多么神奇，仔细辨认，长岛人一眼便认出了自己的家乡。只见银扇大厦（位于南长山岛）八层门窗清晰，左侧楼

顶电梯机房凸出，大厦近旁有塔吊作业，有电视差转台耸立，还有医院高大的烟囱和西山烈士塔立在其中。所有戏变的景观，均没有超脱这海上实体之"母"。

登州海市古已有之，蓬莱、长岛一带也常能见到脱离自然实体的海市蜃楼。它们都是极其宝贵的旅游资源，是人间仙境（蓬莱和海上仙山——长岛）最具魅力的大自然鬼斧神工之作。

编者注：本文高明之处在于指出了海滋不是蜃景。因此当地这类光学海景实际上只有蜃景（幻景）和海滋（被歪曲了的实景）两种（而非三种），登州海市只是在蓬莱阁看到的海滋而已。海市蜃楼在气象学中已改称蜃景。但蜃景并非只有蓬莱沿海地区的上现蜃景，还有只在沙漠中出现的下现蜃景。

《大自然》2008（1）

北国江城雾凇美

宫卫平

又是一年飘雪时。每当北国万木萧条、冰封千里，与桂林山水、云南石林和长江三峡并称中国四大自然奇观的吉林雾凇，就又会向世人展示它独特而短暂的奇幻之美。每当雾凇来临，北国江城吉林市松花江岸的十里长堤便"忽如一夜春风来，千树万树梨花开"，柳树结银花，松树绽银菊，松柳凝霜挂雪，戴玉披银，如朵朵白银，排排雪浪，十分壮观。10里长堤上的垂柳青枝变成琼枝玉树，一片晶莹洁白，江岸雾凇缭绕，人在其中，犹入仙境。江泽民总书记1991年在吉林市视察期间恰逢雾凇奇景，欣然秉笔，写下"寒江雪柳，玉树琼花，吉林树挂，名不虚传"之句。1998年他又赋诗曰："寒江雪柳日新晴，玉树琼花满目春。历尽天华成此景，人间万事出艰辛。"

繁多的雾凇称谓

首先，从吉林雾凇数量繁多的命名称谓上，就可看出人们对它倾注的喜爱和关注。

中国是实际上记载雾凇最早的国家，古人很早就对雾凇有了

许多称呼和赞美。远在春秋时代（公元前770～前476年）成书的《春秋》上就有关于"树稼"的记载，也有的叫"树介"，就是现在所称的"雾凇"。"雾凇"一词最早出现于南北朝时期宋吕忱（公元420～479年）所编的《字林》里，其解释为："寒气结冰如珠见日光乃消，齐鲁谓之雾凇。"这是1500多年前最早见于文献记载的"雾凇"一词。北宋曾巩（公元1019～1083年）作《冬夜即事》诗："香消一榻氍毹暖，月澹千门雾凇寒。"自注："齐寒甚，夜气如雾，凝于树上，旦起视之如雪，日出飘满阶庭，尤为可爱。齐人谓之雾凇。"而最玄妙的当属"梦送"这一称呼。宋末黄震（公元479～502年）在《黄氏日钞》中说，当时民间称雾凇为"梦送"，意思是说它是在夜间人们做梦时天公送来的天气现象。

雾凇是其学名，现代人对这一自然景观有许多更为形象的叫法。因为它美丽皎洁，晶莹闪烁，像盎然怒放的花儿，被称为"冰花"；因为它在凛冽寒流袭卷大地、万物失去生机之时，像高山上的雪莲，凌霜傲雪，在斗寒中盛开，被称为"傲霜花"；因为它是大自然赋予人类的精美艺术品，好似"琼楼玉宇"，为人类带来美意延年的美好情愫，被称为"琼花"；因为它像气势磅礴的落雪挂满枝头，把神州点缀得繁花似锦，景观壮丽迷人，成为北国风光之最，它使人心旷神怡，激起各界文人骚客的雅兴，吟诗绘画，抒发情怀，被称为"雪柳"。在"雾凇"这一命名正式敲定之前，人们习惯上都将雾凇称作"树挂"。

时至今日，"雾凇"这一名称已经家喻户晓了。说起这个名称的普及，还有个小故事呢。1987年国家电影电视部决定拍《吉林树挂》，将吉林市这一特殊的自然景观搬上银幕，并送联合国对外宣传。北京科教电影制片厂在吉林市政府支持下，来吉林市采访和拍摄，责成在本地从事研究树挂的气象科技工作者撰写脚本，将吉林树挂这一奇观作为旅游资源对外宣传。气象工作者认为应该用它的学名"雾凇"为好，当时这一建议经研究被

采纳了。可是那时候人们叫雾凇还不习惯，不少人感到陌生和别扭，说这种称呼不通俗，不大众化，后经过解释、宣传，被部分人所接受。自 1991 年起吉林市成功举办过几届雾凇冰雪节后，"雾凇"一词不仅被江城父老所接受，而且名扬中外。

一枝独秀的雾凇探究

作为一种较常见的天气现象，从高山峻岭到平原草地，从树木成荫的林原到江河与湖泊，从乡间田野到人口稠密的大都市，雾凇在中国乃至世界上许多地方都留下了足迹，可为什么偏偏吉林市的雾凇一枝独秀、闻名于世呢？

探究起来，这和吉林市的另一个名字——"北国江城"密切相关。冬季的吉林市 -20℃以下的天数达到 60～70 天，奇妙的是穿城而过的松花江水在冬日里同样奔腾不息。原来，从此溯流而上 15 千米就是著名的丰满水电站，水电站大坝将江水拦腰截断，形成人工湖泊——松花湖。近百亿立方米的水容量使得冬季的松花湖表面结冰，水下温度却保持在零摄氏度以上。特别是湖水经过水电站发电机组后温度有所升高，再顺流而下，就形成几十千米江面临寒不冻的奇特景观，同时也具备了形成雾凇的两个必要而又相互矛盾的自然条件——足够的低温和充分的水汽。江水与空气之间巨大的温差，将松花江源源不断释放出的水蒸气凝结在两岸的树木和草丛之间，形成厚度达到 40 至 60 毫米的树挂，远远超过通常为 5 至 10 毫米的普通树挂的厚度。俄罗斯杰巴里采夫斯克雾凇专业站通过上百年的观测，证明雾凇家族中最罕见的品种是毛茸形晶状雾凇。而吉林雾凇正是这种雾凇中厚度最厚、密度最小和结构最疏松的一种，这种雾凇的组成冰晶将光线几乎全部反射，观赏起来格外晶莹剔透，无愧于被称为精品中的精品。

不仅如此，吉林雾凇出现的频次之多和持续时间之长也堪称其他地区雾凇之冠。吉林雾凇出现次数历年一冬平均为 29.9 次，

最多一冬可达 64 次。而我国最北端的城市漠河，历年冬季平均气温在 -20℃ 以下日期为 139 天，比吉林市多一倍多，可是漠河的雾凇年平均次数只有 9.4 次，不及吉林雾凇的三分之一；另外，与吉林市同处松花江畔且气温又比吉林市低的哈尔滨、佳木斯等城市的雾凇，无论景观，还是出现次数，都远不如吉林雾凇。人们常用"昙花一现"来形容雾凇持续的时间短暂，而吉林雾凇常在每年 11 月至第二年 3 月出现，有时 10 月至第二年 4 月也可出现，因而可见雾凇出现时间长达半年之久。另外，每次雾凇出现的持续时间也长，一般在傍晚至次日早晨形成，到了中午前后，气温升高、风速加大，雾凇才逐渐减弱、消失。如果几天内的气温、风、云等气象要素无大变化时，雾凇可连续出现，尤其在"数九"期连日浓雾迷茫，雾凇常连续出现。

然而，吉林雾凇最为神奇之处，在于它的"天人合一"。除了大自然鬼斧神工的效果，还有很重要的人为因素，相辅相成共同作用而形成。中国最大的人工湖——松花湖水源丰沛，拦江大坝和水电厂对江水泄流量调控自如，于是在寒冬不封冻的江面，就能大量蒸发水汽，从而出现奇丽壮观的吉林雾凇。吉林市因雾凇而增艳，雾凇因吉林市而生辉。

雾凇净化消声的益人功能

难能可贵的是，吉林雾凇不仅让人大饱眼福，而且还是天然的"空气清洁器"。因为在雾凇形成时，雾凇初始阶段的"凇附"，把空气中危害人类健康的大量微粒及大气物理学中所说的"气溶胶"吸附沉降到大地，起到了清洁空气的作用，有助于人类健康长寿。要知道，并不是所有的雾凇都是有益无害的。很多地方的雾凇由于结构紧密、密度过大，对树木、电线及某些附着物有一定的破坏力。

此外，吉林雾凇还是大自然赋予人类的"负氧离子发生

器"。据测，在有雾凇时，松花江畔负氧离子每立方厘米可达上千至数千个，比没有雾凇时的负氧离子可多5倍以上。负氧离子素有空气中的"维生素"、"环境卫士"、"长寿素"的美称。负氧离子虽然在大气中的比例成分很少，但它对人体却十分有益，有消尘灭菌、促进新陈代谢和加速血液循环等功能，可调整神经，提高人体免疫力。

同时，由于吉林雾凇结构疏松、密度小、空隙度高，对声波反射率很低，所以还有消除噪声的作用，是天然的"消音器"。

吉林雾凇观赏之学问

雾凇之美，美在壮观，美在奇绝。雾凇来时，是"忽如一夜春风来，千树万树梨花开"；雾凇落时，是"无可奈何花落去，似曾相识燕归来"。观赏雾凇，讲究的是在"夜看雾，晨看挂，待到近午赏落花"。

"夜看雾"，是在雾凇形成前夜观看江上的雾景。大约在夜里十点多钟，松花江上开始有缕缕雾气，继而越来越大，越来越浓，大团大团的白雾从江面滚滚而起，不停地向两岸飘流。

"晨看挂"，是早起看树挂。十里江堤黑森森的树木，一夜之间变成一片银白。棵棵杨柳宛若玉枝垂挂，簇簇松针恰似银菊怒放，晶莹多姿。

"待到近午赏落花"，是说树挂脱落时的情景。一般在上午10时左右，树挂开始一片一片脱落，接着是成串成串地往下滑落，银片在空中飞舞，明丽的阳光辉映到上面，空中形成了五颜六色的雪帘。雾凇之美唯其短暂，也就更增添了人们的遐想。

看雾凇的最好地点是在松花江下游的雾凇岛。雾凇岛离吉林市近40千米，地势较吉林市区低，又有江水环抱，冬季升腾起的大雾常常笼罩着这个近6平方千米的小岛，有时竟一天也见不到太阳。在这样的天气下，挂在树上的雾凇是不会掉落的，并且

夜里又会挂上一层。而岛上的普通屯又是欣赏雾凇最好的去处，有"赏雾凇，到曾通"之说。曾通屯的树形奇特，沿江的垂柳挂满了洁白晶莹的霜花，江风吹拂银丝闪烁，天地白茫茫一片，有如被尘世遗忘的仙境，令人油然而生物我两忘之感。

吉林雾凇如此之美，引得众多中外游人千里迢迢云集北国江城，只为一睹雾凇美景。然而，吉林雾凇虽然在冬季经常出现，但受其生成条件的限制，不可能天天出现。如果赶得不巧，就会一连数日甚至更长时间不见踪影，因此常常令游人们乘兴而来、扫兴而返。来得是否逢时，关键取决于对雾凇能否预知。尽管形成吉林雾凇的原因多而且复杂，准确预报雾凇有一定难度，但经过认真分析和研究，仍是能掌握其生消变化规律的。因此，吉林市气象部门于凤翘等专业技术人员从1985年起开展了历时三年的《吉林雾凇预报》的科研课题研究，取得了可喜的成果，荣获了吉林市科技进步奖。

编者注：本文的一些内容可以商榷。例如，"忽如一夜春风来，千树万树梨花开"是唐代岑参"白雪歌送武判官归京"中的第三、四句。其实该诗是形容雪后景色而非雾凇的。因为该诗的标题和第一、二句："北风卷地白草折，胡天八月即飞雪"已经明指。

但主要问题是关于雾凇的成因，文章认为是"松花江源源不断释放出的水蒸汽凝结在两岸的林木与草丛间"。我以为欠妥。因为这是类似白霜，而非雾凇的形成原理。实际应是：未冻的松花江水蒸发出来的大量水汽，因低温而在大气中凝结成零下而未冻的过冷却水滴（雾滴），它们随气流撞冻在零下严寒树枝地物上遂成雾凇。

所以，我认为，吉林雾凇之所以特厚特美，是因为在严寒天气下松花湖制造了不冻的江水所造成的。因此我国四大自然奇观中，其他三景确是自然的，而独吉林雾凇实际是人造的。

《气象知识》2006（6）

西岭美景

渝 江

冬日滑雪

冬天,邀约来成都滑雪!

到成都滑雪?是的。在成都市西95千米的大邑县境内,有一处中国目前规模最大、设施最好的大型高山滑雪场——西岭雪山滑雪场。

西岭雪山滑雪场位于西岭雪山风景名胜区内,又称大飞水原始森林风景区,属邛崃山系。风景区总面积483平方千米。景区内最高峰庙基岭海拔5364米,矗立天际,终年积雪。诗圣杜甫在成都居住时曾眺望此景,写下了"两个黄鹂鸣翠柳,一行白鹭上青天;窗含西岭千秋雪,门泊东吴万里船"的名句。

滑雪场位于西岭雪山景区东大门海拔2200～2400米,面积8平方千米,年平均气温7℃左右,冬季-6℃以下,年积雪3～4个月,积雪厚度约60～80厘米,地势平缓,雪质优良,有南方独特的林海雪原奇景,冬季是滑雪的天然胜地。

西岭雪山滑雪场在其他季节还可以滑草。

四季同赏

西岭雪山除了有好玩的滑雪场外,自然风光更令人大开眼界。自然景区以原始森林为依托,集林海雪原、高山气候、险峰怪石、奇花异树、珍禽稀兽、激流飞瀑等景观于一体。

来西岭雪山,你可以春看百花,夏观群瀑,秋赏红叶,冬玩冰雪。不过最有特色的还是:随海拔高度的变化,一路上可以观赏到四季风光。

山脚下的花水湾温泉休闲娱乐中心,海拔700多米,属亚热带气候,常年青山叠翠,繁花似锦。在海拔1000~1600米的山区,以阔叶林为主,林下生长着茂密的灌丛,属山中暖温带。1600~2300米为山中温带,生长着阔叶林和针叶林,林下生长着高山箭竹等少量灌丛。从这个高度向上直到3300米左右,为山中寒温带,生长着云杉、冷杉等高大挺立的树木。在3000米左右的山脊上,生长着成片的高山杜鹃林,由于常年受山风的吹袭,这些杜鹃树奇形怪状,有的像卧地长龙,有的像跃起的虎豹……

主要山峰4900米以上为永久冰雪带,终年白雪皑皑的高山寒带。在永久冰雪带以下为亚寒带,在这里你可以见到前方高耸的雪山,近处裸露的岩石,举目眺望,山下为成片的高山草甸区。顺着草甸上风中摇曳的野花望下去,渐渐有低矮灌丛。在这里,只有最热月份的平均气温可达到10℃以上,所有的生命都在这短短的暖季里生长繁衍,而同时,暴风雪在这里随时都会降临。

高山奇观

除了观赏立体气候景观,自然景观更是美不胜收。海拔

3312 米的红石尖，是天然的观景平台，西看绵延数百里的大雪山，即使不在冬季，也常可观看到数十座连成一片的白雪皑皑的山峰，晶莹闪耀，每当旭日东升，可见"日照金山"的奇观。东侧可望成都平原一泻千里。

海拔 3200 多米的阴阳界，为高原气候与盆地气候的分界线，一边晴空万里，一边云雾缭绕，酷似阴阳太极的构图，实为罕见。这是因为白沙冈这道长数千米的山脊，就像是一道高墙，挡住了东西气流的流动，东边来的暖湿空气被强迫抬升，形成云雾；另一面是背风坡，受下沉气流主导，因此天空晴朗。另外，这道山冈更像是一面巨大的盆沿，盆内盛满了浓浓的云雾，盆沿外却没有这些成云的条件。由于水汽、日照的不同，两边植物差异也很大。

西岭雪山景区内有高山峡谷，原始植被保存完好，区内有 6000 多种植物，包括银杏、香果树、珙桐等珍稀树种，是珍稀植物的宝库，绵延数十里的高山杜鹃，千亩万株的古桂花林。大熊猫、金丝猴、牛羚、猕猴、云豹、锦鸡等珍稀动物分布其中，多达 40 余种。林中清泉长流，飞瀑泻玉。

海拔 3200 米的日月坪是一天然大平台，这一带是观日出、云海、森林佛光等气象奇观的观景台。

西岭雪山森林佛光的形成与峨眉山等地的佛光成因是相同的。当人背对阳光，阳光—人—云雾在一条直线上，阳光通过云雾中小水滴内的折射反射，返回时再经云雾滴产生衍射，最后在云雾幕上出现的内紫外红的彩色光环。人的影子正在光环之中。在西岭雪山上，森林茂密，当傍晚太阳降到与人所处位置相同的高度时，常常会在对面森林浓浓的迷雾里映出一个彩色光环，从而你的影像恰在光环中央，这就形成了森林佛光。

水美西岭

由于水资源丰富，观瀑又是游人的兴致所在。景区的奇山异水在大自然的长期雕琢下，形成了"九瀑一线天"、"飞泉洞"、"豹啸泉"、"五彩瀑"等10余处水的景点。其中以大飞瀑令人叫绝。在双河乡的高山峡谷，泉水从1400米高的白雀山腰间的溶洞飞流直下360余米，吼声如雷，令人不禁发出"银河落九天"的感慨！晴日，艳阳高照，飞瀑与彩虹浑然一体，美不胜收。

西岭雪山景区富饶的原始森林覆盖率达90%。森林是大自然的天然"水库"，西岭雪山风景区的降水量明显高于西部高原和东部盆地。山中有个最大降水高度带，约为海拔2400～2600米，这为高山滑雪场提供了雪源保证。

西岭雪山的春雪比冬雪更具魅力。飘散的春雪和被冰雪覆盖着吐出新绿、鹅黄、粉红的枝条，能不让你备受感动？

由于春天雨水多，雪也就下得更多、更大，纷纷飘落的春雪覆盖着滑雪场和四周的山川沟壑，好一派林海雪原。这段时间上山，几乎每天晚上都有小雪纷飞，不时又有一场大雪，一直要持续到每年的3月中旬。

《气象知识》2003（5）

中国科普文选（第二辑）

气象新事

探险与考察

TANXIAN YU KAOCHA

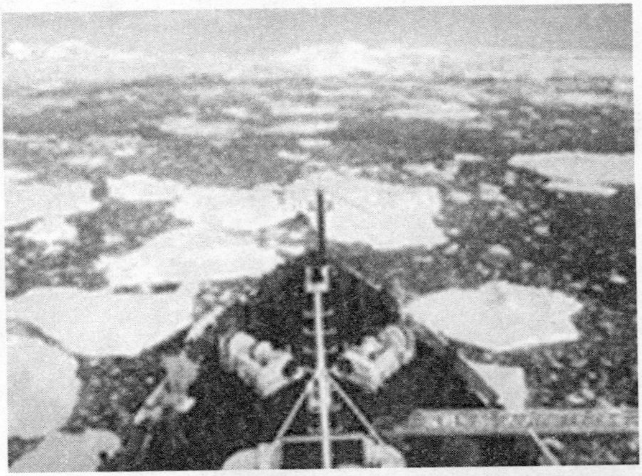

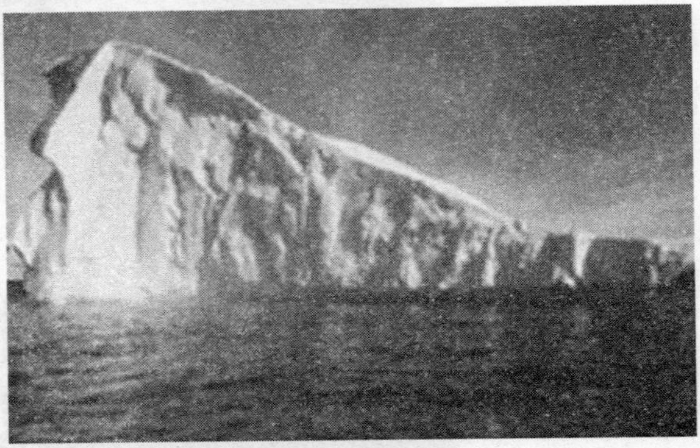

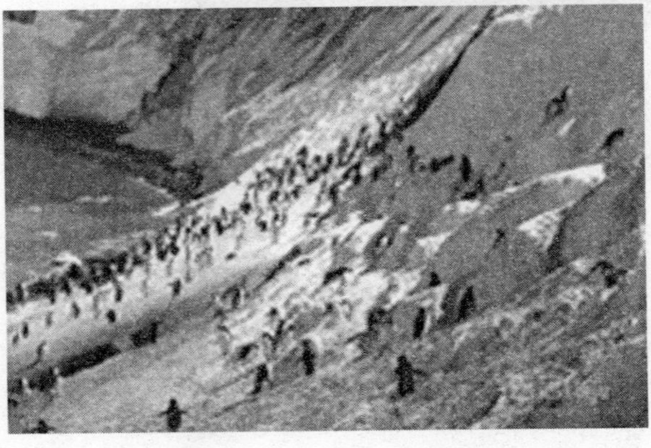

走向南极

秦大河

出发

1989年7月28日清晨,随着队长一声号令:前进!急不可待的北极狗一跃而起,拖动雪橇向前冲去,队员们头也不回地向南极腹地奔去。

南极是一个神奇的地方。这里气候违反常规,是世界上最寒冷的地方,年平均气温为-50℃,但在夏季,半岛沿海地区最高温度可达10℃。在海边生长着一些地衣、苔藓,没有树木,仅在盛夏还能看到一、二种美丽的小花。海边还有企鹅、海豹、海象、海鸥。但在内陆几乎没有生命。那里有世界上最清新的空气,没有环境污染,没有尘世的喧嚣,像一个世外桃源。

南极洲上有2000米以上厚度的冰盖,南极洲的面积为1410万平方千米,冰盖的面积就占了1256万平方千米。南极洲储存了世界上86%的冰,是亿万年积雪堆积而成的。但那里又是世界上最干燥的地方。年平均降水只有30~50毫米。内陆地区积雪平均约100米厚,往下的积雪已变成了冰,形成冰盖。那里没有河流,只有冰川。

令人印象最深刻的是南极的风,最大风速70米/秒,瞬时最大风速可达到100米/秒;风速在10米/秒以上,就形成暴风雪。

南极考察人员发生死亡的最高纪录是暴风雪造成的,南极的暴风雪是最可怕的敌人。如果在暴风雪天气从帐篷里出来的话,一定要把帐篷的拉链关好,否则在一两分钟内,雪就会把帐篷灌满。而且人要退着走,走两三步看看帐篷,如果看得见帐篷,可以再退几步;如果发现帐篷隐约可见,目的地又无处可寻时,就必须返回帐篷,以免迷失方向而死亡。1986年我在凯西站工作时,有位气象观测人员在刮暴风雪时出去,两个建筑物相距不过30~50米,但他再也没有回来。暴风雪停后,人们发现他的尸体距建筑物只有10米……

暴风雪　冻伤　冰裂缝

8月4日,我们遇到第一场暴风雪,暴风雪的风速是35~40米/秒,我们只能侧着身子前进,每小时只能前进2~3千米。从那天开始整整2个月,暴风雪几乎没有间断。在这种天气情况下,能见度几乎为零。大家都把头整个包在头罩里,只有我例外,因为我还戴着不能丢掉的近视眼镜。风雪从眼镜框上边钻进头罩,使眼皮和脸部原来就有的冻伤更加严重起来,只感到眼皮肿得像一扇沉重的门板。眼睫毛上的冰雪先结成一片,然后合并成几粒黄豆大小的冰球,一眨眼,就打得眼镜叮当作响。宿营后,回到帐篷很久才会融化。

永无休止地前进,永无休止地滑雪。当我学会了滑雪以后,可以轻松地踏着节奏前进了。队员们全速前进,相距甚远,有时首尾长达2千米,周围只有呼啸的暴风雪,还有急驰的狗群。茫茫雪地,一片混沌世界……

8月25日,我们终于通过了500千米长的拉尔森冰架,跨出南极半岛,进入真正的南极腹地。前面是150千米的冰裂隙地区。说起冰裂隙,在南极冰盖上随处可见,它是冰盖在冰川运动下形成的一种裂隙。有的几米深,有的则深不可测,即使是在无

风的天气下也很难发现。因为积雪会在表面形成一个盖子，把这种危险的裂隙掩盖起来。我们在滑行的时候经常感到脚下一沉，回头一看，身后会露出一条冰裂隙来。开始老觉得庆幸没有掉进去，后来也就习以为常了。

在冰裂隙地区，我和杰夫·沙莫斯在前面开路，滑一步，用冰镐探一下，再滑一步，好像探地雷一样，后面的队员严格地在我们身后按着我们的足迹前进。这样，一天只能前进15千米……

人有滑雪板，压强比较小，可是狗就没有那么幸运了，跑在最前边的狗，至少有5次掉进冰裂隙里。有一次，狗掉进冰裂隙里，路易斯·艾蒂安下到7米深的冰缝中把那只可爱的狗救上来。

天气更坏了。有10多天我们被迫宿营，停止前进。在能见度为零的茫茫风雪中，从这个帐篷走到那个帐篷，还得在身上拴上绳子，以免走失。

9月到了，整月暴风雪不停。上旬的一天，抵达前站的我和杰夫·沙莫斯与后面的队员失去了联系。我只好集中了雪橇上的所有绳子，连接成一根长长的绳索，拴在雪橇上，像驴推磨那样旋转着找。足足有2个小时，我们才找到同伴。

饥饿的9月

9月，在中国人心目中是收获的季节。到处一片金黄，瓜果飘香。可是在我们的行程中，9月却成了灾难的季节。没完没了的暴风雪使我们的行进日程不得不一再拖延。这里的雪太软，有时每天只能行进3千米。为了争取时间，赶在寒季来临之前到达终点，队长下令轻装前进。我们不得不把价值十几万美元的衣物、设备埋进一个大坑里，每人只留2套衣服。以便带上所剩无几的食品轻装前进。

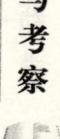

我们的食品补给是飞机预先运送在指定地点的,这种地点叫"食物储存点"。每 250~600 千米一处。每一处存放足够每人 20 天、每只狗 10~15 天的食品。在储存点上用挂旗的铝制标记作出标示,以便寻找。可是有时因为暴风雪仍然找不到这些标志。有一次 2 个储存点都没有找到,大雪掩埋了一切。我们只好用无线电呼救。

我们有一台功率 20 瓦的无线电通讯机。偏偏它有一个月几乎失灵。好不容易来了救援飞机,但由于能见度太差,我们明明听到飞机马达的隆隆声,而他们看不见我们,无法着陆。该死的飞机在头顶盘旋一两个小时又扔下我们不管返回去了。

我们开始感到饥饿。从 8 月起 2 个月来,体力一天不如一天,整天觉得饿。

这时全队的食物只能再维持 2 天,人的口粮只能维持 4~5 天,狗则只能维持 1~2 天。我们不得不限制到每天吃定量的 1/2,狗只有 1/4。那些狗饿得可怜巴巴。晚上拉开帐篷向外看去,几十双绿森森的眼睛闪着寒光。我们不得不采取防范措施,在睡觉前将它们牢牢地拴在雪橇上,谁知道这些爱斯基摩狗和森林野狼的后代会干出些什么蠢事来!

老天有眼。有一天,天空突然露出几个蓝色的洞来,飞机终于在特大风暴前的间隙及时降落了。考察队又一次得救。食品又有了,可是有 16 条狗严重冻伤,不得不空运回基地治疗,用新的狗替换。

到达极点

短暂的 3 天休整过去了。我们又精神抖擞地上阵了。

我们以最快的速度,比原计划提前 8 天,于 12 月 12 日到达南极点。冰雪高原上,竖立着一个 1 米来高的树桩似的金属标记。顶墙是一个地球模型。在它的周围环列着 1959 年参加国际

南极条约的成员国家的 12 面国旗，在风中哗啦啦作响，分外鲜艳。200 米远的地方，是美国建立在南极点的阿蒙森—斯科特站。这是为了纪念那两位人类最先到达南极点的勇士而命名的。

6 名国际探险队员各自拿出自己的国旗，一字排开，站在这里，面带胜利的微笑，听任提前赶到这里的记者们的拍照。

这是一张多么珍贵的照片，伟大祖国的五星红旗第一次出现在南极点上！我激动得不知说什么好。心里默默地念着：中国！中国！中国！

阿蒙森—斯科特站的美国人热情地款待我们，在这里我们吃到了出发以来就无缘吃到的对虾、牛排和猪肉。

不可接近地区

12 月 15 日，探险队从极点出发向北前进。我们已经走过了 55% 的路程，登上地球之极点，亲眼看到了那永远在同一高度绕天边转圈子的太阳奇景。横在面前的是 1250 千米长的所谓"不可接近地区"。

"不可接近地区"这个吓人的名字不知是谁给起的。因为这里人类从来没有徒步进去过。1959～1960 年的暖季，苏联派出一支机械化考察队到达过这里，返回后，再没有谁敢进去过。这里海拔 3000～4000 米，处于南极高原的顶部，空气稀薄，年平均气温在 -70～-80℃ 之间。1983 年 7 月，苏联东方站测得一个世界极端最低温度记录：-89.2℃。所以有人把这里称作"寒极"。要想穿越这个地区，必须在寒季（4～10 月）之前。探险队精心制定的计划是要在 12 月 21 日前后的 20 天南极的盛夏通过这里。这就是我们急如星火般赶路的原因。

当我们穿越这里时，气温是 -40℃。很怪，这段路的穿越远没有想象的那么困难，主要是我们已经成为一支"久经"考验的队伍。1990 年 1 月 18 日，我们到达苏联东方站。这个站就设

在"不可接近地区"的端点。东方站的苏联人用传统的俄国方式欢迎我们的到来。

清脆的彩色照明弹升上天空,接着是黄色的烟幕弹冉冉升起。东方站站长萨沙手里端着一只盘子,上面放着巨大的面包和盐。全体越冬队员列队欢迎。

当我们离开这里时,东方站派出两台拖拉机为我们"护航",神气十足,我们信心大增。

2月1日,我们到达苏联共青团站。这里的气温为 –49℃。

"疯狂的科学家"

探险队里,只有苏联人维克多和我有科学考察任务。要论起劳累程度,我的更大些。因为我要沿途每55千米采集一次雪样。

为什么要采雪样?这是因为南极的雪永久不化,在一个剖面上可以采到几千年以来的雪样品。科学家通过分析雪样的痕量元素、微量元素的含量,确定当时全球的气候,进而预测未来的气候。在科学家看来这是一项重要的课题。

要是在正常情况下,对我来说,采样只是"小菜一碟",南极的雪一般比较松软,有个把小时就可以完成任务。但这次非同寻常,我们是在行进中采样。白天,我们要匆匆上路,采样的时间只能在傍晚进行,还有休整时间也是采样的好机会。美国队长非常照顾我,为了在精确距离上采样,不得不一再改变日程表。

记得在"不可接近地区"的首段,我花了整整6个小时才挖好一个雪坑。那里的雪又硬又厚,挖上几十下,就得停下来歇口气。等到我回到帐篷,手指已完全冻僵,笔都拿不起来,关节全都肿了起来。我钻进睡袋,感到全身在发热发冷。原来发烧了。路易斯是法国医生,急忙找出药片让我服下。美国队长想到第二天还得赶路,直耸肩膀,摇头苦笑。昏沉沉的一夜过去了。第二天5:30,该起床了。我知道,这里不准有病号存在。我挣

扎着爬了起来，向帐篷外走去。我几乎已不能行走，只好用腰带拴在雪橇上任它们拖着走。这天我们计划行进32千米。但我们还是超过了这段距离，到37千米时，我终于倒在了雪地上。美国队长命令宿营。又是昏沉沉的一夜，我好像不知道在什么地方。第二天早上5：30，我习惯地清醒过来了。发现病已全好了，不知道又出了什么奇迹。我们又上路了。

对一个科学家来说，雪样和考察日记如同生命一般重要。在跨过极点以后，我们不得不再一次精减装备。为此，在帐篷里召开了我们6国的"国际会议"，大家一致同意这样做。同伴们忍疼割爱，掂掂这，掂掂那，惋惜地丢弃了许多东西。维克多最为难过，他不得不丢掉一件与他伴随一路的气象测量仪器。

我却多了一个心眼，把备用的衣物丢掉，又偷偷再把采样的小瓶塞满了枕头，把标本分装在三四个箱子里，以掩人耳目。我虽然通过了"严格"检查，同伴们还是担心我的衣物带得太少了，对我的行动表示不解，法国人摇摇头说"真是个疯狂的科学家！"我想起了斯科特在南极点遇难的几十年后，人们发现了他的遗物，雪橇上还有几十千克的岩石标本，他的队员们是饥饿致死的，但在最后的岁月里，他们仍然没有舍得丢掉那些标本。斯科特的精神就是我的榜样。

日本人哪里去了

我们以每天47千米的速度前进，通过了1250千米的"不可接近地区"，取得了决定性的胜利。

2月13日，我们到达了苏联少先队员站。

3月1日，晚上宿营以后不久，大家突然感到事情不妙，舟津圭三出去喂狗，很久不见回来。大家一起跑出帐篷，在茫茫雪原上呼喊着舟津圭三的名字作推磨式寻找。苏联的极地"护航拖拉机"也隆隆地来回绕圈子寻找。车灯在大风雪中闪闪发光。

那一晚我们都在外面来回奔跑，整整13个小时后，才听到舟津微弱的回答声。我们朝声音方向找寻过去，发现雪地上有一个小小的洞。挖开雪堆，舟津笑眯眯地钻了出来，说他没事儿。当他看到50米外的帐篷时，连他自己也觉得吃惊。

原来，他昨晚走出帐篷不久，暴风雪就加大了。能见度立时变成了零。舟津看不到目标物，不敢贸然行事，怎么办？这位机灵的日本人当机立断，从口袋里找出一把小钳子，开始学我挖坑的样，在雪地里挖了一个洞，钻了进去，只露出一个供呼吸的孔。外面的雪花在不停地下，想把那个不协调的小孔堵起来；舟津在里面偏偏不信老天那套，你堵我就挖，整整挖了一个夜晚，他才得以安然无恙。

1990年3月3日，当地时间7：10，我们按照总指挥部的命令，一分不差地滑行到我们的终点站——苏联和平站。

编者注：具了"生死状"，拔了十几颗牙的秦大河院士，历时220天，历程5985千米，与美、法、苏、英、日五国5位队员一起，首次徒步（雪橇）横穿南极。实乃一大壮举。本文摘其艰险历程部分，以飨读者。本文大标题实际应为"横穿南极"，之所以用现名，是因为《气象知识》编辑部在2001年1月发了"走向南极"文后，应读者要求续发时沿用造成的。

《气象知识》2001（2、3、4）

奇怪的南极日出

高登义

我今天听了一场精彩的科普讲座,内容是一位科学家去南极考察的经历,里面有一段讲到南极的日出和日落,真是让我大开眼界。

日出日落谁没见过,难道南极的日出日落和别的地方还不一样吗?

当然啦。不信,我问问你:在南极,日出前的天空和日出后的天空哪个更亮?

当然是太阳出来以后天更亮啦,难道有太阳的天空还能比没太阳的天空更暗不成?

错。先别激动,想知道为什么吗?这是今天讲座的录音,还是听听科学家是怎么说的吧。

太阳出来天变黑

1985年2月10日那天,凌晨2点20分左右我就醒了,因为惦记着早晨去拍摄日出,怕错过时间,所以睡得很不踏实。

据科考船上的航海日志记载,那些天的日出时间应该在凌晨3点半左右。不过既然已经醒了,我也不想在床上躺着了,于是就穿上羽绒服和皮靴,带上装有长变焦镜头的相机,向科考船底层甲板走去。

2点45分，天边泛起一片红光。我不时地望着东方，唯恐错过日出的那一刻。好不容易熬到了3点半，可是太阳仍然没有露面，只是天顶已被渐渐映红了。

快4点了，意外的是，此刻太阳不仅没有升起来，就连原来被映红的天顶也变淡了，好像太阳要去睡个回笼觉似的。

4点10分，东方终于出现了晨曦，一片红光升起，我连忙拍下这个镜头。4点16分，在太阳即将升起的地方出现了一圈淡青色的光环。真奇怪，从来没见过这种景象，我屏住呼吸，连续按动快门。

太阳渐渐升起来了，4点20分，四分之一太阳已经露出了海平线，天空的红色变深了，太阳的周围似乎镶上了一圈黄色的光环。我按动快门的手已经被冻麻了，只好拼命向手上哈气。

4点24分，太阳已经有四分之三升上了海平线，它的外圈仍然被金黄色的光环包围着，但是，天空却更暗了。4点28分，太阳终于跃出了海平线。可此时除了太阳的周围还笼罩着红光外，天空却完全黑了。

南极的日出怎么这样奇怪？

"倒放"的日出镜头

南极的日落就像是日出的倒放镜头。

傍晚，当太阳接近海平线时，原来的白色火球逐渐变成淡黄色，接着太阳周围出现一个紫红色的圆环，把紧挨着太阳的天空和海面笼罩在里面。圆圈之外，天空和海面都是黑洞洞的。极目远眺，夕阳犹如黑夜里冰海中的一盏明灯。

太阳慢慢落下，紫红色的圆环在缩小。当太阳只有一半留在海平线上时，整个天空和海面都变得更暗，似乎黑夜马上就要降临。可随着太阳高度的降低，天空却奇迹般地变亮了。

当四分之三太阳落入海平线下时，一片血红色的天空展现在

我们眼前，海面上的黑色也逐渐向紫红色过渡，尤其是夕阳照射到的那片扇形区域，海面和天空浑然一体，好像黑夜即将过去。

片刻之后，夕阳完全沉入海平线，只残留一团扁平的淡黄色余晖，射出一束淡红色的光柱，此时天空变为淡红色，海面也被抹上了一层淡红，宛如黎明即将来临。

光线的把戏

为什么南极的日出、日落和其他地方如此不同？为什么太阳升起后天空反而变黑了？这些问题一直困扰着我。后来经过多年的分析和思考，我终于找到了一个比较合理的解释：

高纬度地区的夏季，因为天空经常在前一天的晚霞消失前，就开始出现第二天的曙光，所以整个夜间都是比较亮的，这种现象被称为白夜。

2月是南半球的夏季，尤其在南极，当太阳还在海平线下时，天空就已经有点亮了。再加上南极大陆表面95%以上都被冰雪覆盖，冰雪就像一面巨大的镜子，把海平线以下的太阳光反射到天空，照亮了高空的云层。冰雪的反光和白夜的效果叠加在一起，于是天空在日出之前便呈现出淡淡的红光。

因为太阳离地球很远，它的光线基本上可以看做是平行光，而天上的云层和大地之间也基本上是平行的，所以，当太阳一半升到海平线上时，由于角度问题，人们只能看到太阳的直射光，几乎看不到冰雪和云层反射的太阳光，再加上强光会掩盖弱光，于是，这时天空便显得黑洞洞的。还有，南极的空气非常洁净，刚刚离开海平线的太阳光几乎不受任何空气中微粒的折射作用，人们看不到阳光在大气层中的散射，这也是天空呈现黑色的原因之一。其实，在地球上的其他地方，这种"黎明前的黑暗"也是存在的，只是没有南极这么明显，所以很少被人们注意罢了。

《我们爱科学》2008（7）

艾丁湖底论蜃景

林之光

艾丁湖是吐鲁番盆地的盆底,盆底最低处海拔高度 -154.31 米(2008 年 9 月 28 日国家测绘局公布),是我国陆地上海拔最低的地方。据记载艾丁湖面积最大时曾达 152 平方千米,但近几年夏季中因农业灌溉,几无余水,致使艾丁湖已经基本干涸。因此本文标题中的湖底并非水底,仍是陆地。

蜃景旧称海市蜃楼,是一种光学折射映象,并非实景。因为它们并非只出现在海上,也并非都是亭台楼阁景观,因此现今气象学中统一称为蜃景。之所以称为"蜃",是因为沿用古人认为蜃景是由蜃(大蛤)吐出的气形成的。

今年 7 月,《中国国家地理》杂志社组织"极限探索"科学考察活动。我作为专家组成员,提出到艾丁湖探索考察我国真"热极"(极端最高气温)。果然,8 月 3 日在艾丁湖底海拔 -150 米的地方观测到了 49.7℃ 高温,一举打破了全国历史最高纪录。

在这次考察中,我们曾两次造访艾丁湖底。我们 22 日中午第一次到艾丁湖底时,曾被一条横贯盆底的东西向大河拦住去路。这条由天山高处大雨形成的临时性大河很宽,窄处估计也有 10 多米,水面平静。可是,当我们第二天再到原地,这条浅大河因为下渗加蒸发竟然消失不见了。这是我们在艾丁湖底看到的第一条大河。

这次艾丁湖底考察中最大的意外收获，莫过于巧见蜃景了。7月23日上午，当我们到达湖底不久，就听见吐鲁番气象局吕科长喊了一声，"可能是蜃景出现了"。随他手指，我们都发现前方（东方）有一大片白色水面，南北向，也像条宽的大河。一开始我并不相信这是蜃景，因为东方正是昨日大河的下游，是不是大河的下游（艾丁湖可能残存湖区）水还没有干呢？

经过观察和思考，我开始相信了。但如何证明它呢？我问考察车队3位司机师傅，这水面离我们大约有多远？回答是大约3~4千米。我建议我们先开一辆车到前方3~4千米处看看，那里是否有水。于是吐鲁番气象局叶科长驾气象局车飞驰而去。在3.5千米处报告水面还在前方3~4千米处。我心中明白是蜃景无疑了。于是我们3辆考察车继续前行去体验，在一定距离时我发现前车正驶在那"水面"之上。通过黄领队对讲机联系，大家都说看见了。有的还照了相。

至此已真相大白。于是我回答北京电视台石、赵两位记者的采访说，蜃景主要有三类：上现，下现和侧现。上现蜃景主要出现在春夏季水面上（例如山东蓬莱海面），下现蜃景出现在夏季干旱沙漠地区，我们现在见到的就是下现蜃景。如果说上现蜃景是因为水凉空气暖，光线经过折射把远处本来位于海平面略下的景物抬升到海平面以上，使我们能看到的话，那么下现蜃景便是因为地面被太阳晒得发烫，而空气则相对较凉，当温差超过一定数值时，远方天空（一般是淡蓝或白色）被折射到地平线以下，也就是我们的前方。我们看到的"大河"，实际上就是前方天空的映象。其实我们在城市中有时也能看到这种蜃景，只不过面积很小而已。即夏季晴天中前方黑色路面上老有一汪或一条白色的"水面"，但我们永远也追不上它，正像今天我们汽车追"大河"一样。后车上人看到前车行驶在"水面"上，而前车却说自己行驶在陆地上。这清楚证明了这是一种大气光学现象而非真水域。

其实，我一开始怀疑这不是蜃景，还因为这条"大河"中及周边有不少深绿色的"斑点"，很像是植物丛。既然"大河"是天空的映象，天上怎么会有植物丛？实际上，这种下现蜃景"大河"，和城市中的黑色路面上的一汪"水"一样，并不妨碍地面上有其他东西（包括汽车）同时出现。我的上述怀疑并非没有根据，因为真正大沙漠中的下现蜃景（蓝色大"湖"或大"河"）中是绝对没有植物的。所以，凡科普书籍、文章和绘画作品中，说大沙漠中遇见的蜃景中有大树，亭台楼阁，甚至城市景象者，统统都是胡说八道。因为它们的原景从何而来？天空中怎会有地面景物！

有趣的是，当我们研究完这条东方"大河"，回返吐鲁番进行其他实验时，却看到了西方同样有一条"大河"。只是因为"河"中有两幢淡红色艾丁湖景区筹备处建筑物，其下端又被白色"河水"围绕，队员们惊呼童话"仙景"。

最后，也许读者会问，那为什么干旱沙漠中蜃景不天天出现（7月22日就未见）？其实这和城市黑色马路上那汪"水"不天天出现一样。太阳热力不够，或者起风了，都会使地气温差减小而不出现。

龙卷风眼万米生还记

奇　事

龙卷风起，父子飞天

美国得克萨斯州的电影摄影师凯西酷爱实地拍摄龙卷风那惊心动魄的场面，这缘于他在海军服兵役时，曾对海上龙卷风的壮观情景留下的深刻印象。

2004年11月25日，凯西驾车前往得克萨斯州的史密斯县境内。当地气象台几小时前发布了龙卷风警报，公路上的车辆已非常稀少。上午10时左右，凯西将他的"龙卷风拦截车"停靠在90号州际公路上，等待龙卷风的出现，与往常不同的是，凯西这次将他8岁的儿子吉恩也带在车上，顽皮好动的儿子早就吵着要坐"装甲车"去追龙卷风的"象鼻子"。

中午11时50分，在州际公路上挨了近两小时的凯西精神一振：他看见西北天际终于出现了大片暗灰色的云团，随着云团的大量聚集，云层压得越来越低。不一会儿，正像凯西所期待的那样，翻滚裂变的乌云像变魔术似的形成了一个"漏斗"状的云柱体！凯西欣喜地发现，那个云柱体的上半部分恰好朝自己这个方向倾斜，这意味着有"直来直去"特性的龙卷风正向他奔来！

约两分钟后，公路前方变得天昏地暗，凯西远远望去，只见那个连天接地的龙卷风"漏斗"已愈来愈清晰，他赶紧伏在车

顶摄影机上,全神贯注地盯着公路前方,他预计风速至少为每秒110米的龙卷风很快就会撞上自己的摄影机。

"天啊!"凯西突然失声叫了起来,他简直不敢相信自己看到的一幕:车前方公路上,儿子吉恩不知何时溜出了汽车。他正手舞足蹈地迎着龙卷风的"象鼻子"跑去!凯西的心脏几乎要蹦出胸膛,他飞快地打开车门,一边喊一边朝儿子追去,他要抢在龙卷风前面把儿子拽回到"装甲车"里。然而,随着龙卷风的逼近,狂风卷起的灰沙直往凯西眼中灌。凯西顶着风的阻力奋力朝儿子撵去,一心想看"象鼻子"的儿子根本听不见凯西的呼喊。

当凯西好不容易追上儿子时,父子俩离"装甲车"已有了70多米远了,此时公路上狂风大作,飞沙走石;紧张万分的凯西拽着儿子转身朝"装甲车"跑去:然而,父子俩刚往回跑出十几米远,凯西就感到身体被一种无形的力量托起,拉在手中的儿子也轻了许多:情知不妙的他马上往公路一侧的低洼处跑,但已经来不及了,凯西双脚已经无法落在坚实的路面上,一种不祥的预感刚闪过脑海,他就觉得自己陡然失去了重量,脚下一轻,他和儿子腾空而起,飞离了地面……

险象环生,"飞行"10英里

凯西父子不幸落入了龙卷风的"风眼"里。

身为追逐龙卷风多年的老手,凯西无奈地发现,自己这次竟然栽进了龙卷风的魔爪里。儿子吉恩被瞬间发生的变故吓坏了,他在半空中惊恐地挣扎着身体,喉咙里发出含混不清的叫嚷声,凯西用铁钳般的手死死抓住儿子的手臂,父子俩像"太空人"一样随着龙卷风在半空中"飞行"。

龙卷风像一个巨大的吸尘器,一路上呼啸肆虐,拔树毁屋。但"风眼"中心却相对平静,只是气压太低,令凯西感到喘不

过气来。由于龙卷风"漏斗"内部的气压比外部低得多，不断有强大的热气流自下而上运动，给龙卷风补充着能量，被气流托在半空中的凯西父子随"漏斗"忽快忽慢、忽上忽下地"飞行"着。缓过神来的凯西开始焦急地想着如何摆脱险境。

追逐龙卷风达7年之久的凯西拍摄过无数惊险的场面，但此刻，他才身临其境地感受到龙卷风的巨大威力！当旋风中心经过一条公路时，凯西亲眼看见一辆白色轿车被气流掀到半空中，像醉汉似的扭动了几下后，又在自己下方重重地坠落地面。

让凯西父子身陷囹圄的"漏斗"直径有十几米，凯西看见飘浮在气旋中旋转的还有一些树枝、轮胎和汽油罐等杂物，他想抓住一只轮胎，因为人体落地时轮胎可以起到缓冲作用，可那只轮胎离他始终有一段距离，根本够不着。

一路摧枯拉朽的龙卷风将旷野上的树连根拔起，不时有断裂的树干被吸入"漏斗"。突然，一根碗口粗的树干砸在凯西的背上，剧烈的疼痛使他差点松开抓着儿子的手，凯西吓出了一身冷汗，心有余悸的凯西下意识地抓紧了儿子的手臂。现在，他不仅要考虑如何脱离险境，还要时刻提防"漏斗"中飞旋的东西砸着他们父子俩。

龙卷风陡然加速，气流将凯西的身体旋转了180度，上帝！他刚转过身就惊愕地发现自己正径直朝一座高高的圆柱形水塔飞去。凯西倒吸一口凉气：按现有的风速，一旦撞上水塔坚硬的水泥塔身，他和儿子必死无疑。

凯西想避开水塔，但强大的气流使他身不由己，面对飞快临近的水塔，凯西唯有殊死一搏。在即将与水塔相撞的一瞬间，凯西拼尽全力朝塔身猛蹬了一脚，巨大的反作用力使他的身体像篮球一样在塔身上弹了一下后，又随着旋转的龙卷风再次向半空中飞去。

由于蹬塔用力过猛，凯西的脚后跟骨头碎了，这时他才感觉到疼痛难忍。躲过这一劫后，他再不敢丝毫大意。密切观察着前

方的情况。蓦地，凯西眼睛一亮，远远的一处坡地上，有几棵参天大树！他必须抓住这个难得的机会！凯西迅速调整了一下自己的姿势，用左手紧紧搂住儿子，如果运气不错，他能飞向那几棵大树。他将用腾出的右手拼死抱住树枝，哪怕被树杈戳得遍体鳞伤！

然而，与刚才他径直飞向水塔相反，跳跃式推进的龙卷风经过大树耸立的坡地时，气流忽然将凯西父子托到近20米高的半空中，凯西眼睁睁看着浓密的树冠从身下一晃而过。一次宝贵的逃生机会就这样丧失了！龙卷风好像是故意捉弄凯西，飞速旋转的"漏斗"跳过那片坡地后，又陡然下降，贴着地面推进，鬼使神差地掀翻了一个养蜂棚的屋顶，好几个蜂箱被吸入到"漏斗"中。凯西大惊失色，幸亏蜂箱中的蜜蜂似乎被异样的气压所震慑，并没有"蜂拥而出"。

虚惊一场后，凯西又心急如焚，他知道龙卷风持续的时间通常只有十几分钟，如果不出现奇迹，龙卷风结束时，他们父子俩就会从半空中摔到地面上，后果不堪设想。凯西为儿子的安危忧心忡忡，他多么希望能再次遇上一棵救命的大树啊！可灰蒙蒙的大地上光秃秃的，只有一条蜿蜒伸展的公路。

公路边一幢橘黄色的建筑突然闯进了凯西的视线，"基勒特加油站！"凯西不禁大吃一惊，不错，他的"龙卷风拦截车"曾不止一次在这个加油站加过油，这意味着他和儿子已经随龙卷风"飞行"了整整10英里！

即将坠落，奇迹发生

风速有所减缓，危机四伏的空中之旅快要走到尽头。凯西脑海里倏然闪过奶牛从半空中轰然坠地的惨状，他下意识地将儿子紧紧搂在腰部，他已打定主意，在坠地的瞬间，要让自己的身体先落地，那样可以缓冲儿子受到的伤害。凯西有把握做到这一

点，在海军服役时，他已掌握了凌空坠海的逃生技能。

凯西无限疼爱地看了儿子一眼，忽然，他发现自己正朝远处一座 20 多米高的高压线铁塔飘去！若是在几分钟以前，凯西会因担心撞上铁塔而紧张万分，但这会儿他却有了一个大胆的想法，他决定用自己的血肉之躯赌一把——他希望能撞上铁塔，哪怕撞得头破血流，断上几根肋骨，他也要争取抱住铁塔上的角钢！

高压线铁塔离他越来越近，准备拼死一搏的凯西睁大了眼睛，不料，在离铁塔很近时他才发现，自己飞行的方向竟偏离了铁塔好几米！凯西无奈地看着角钢交错的铁塔从自己左侧一晃而过。

就在凯西为错过了铁塔而万分沮丧时，他忽然感到"风眼"内部气流开始下沉，儿子吉恩的身体也变得沉重起来。"不好！"凯西心里"咯噔"了一下，龙卷风马上就要结束了，他们父子的惊魂之旅已进入了倒计时！

生死关头，凯西关注着龙卷风最后将如何变化，他感到"风眼"内的旋转风力正在减弱，气流逐渐下沉，已成强弩之末的龙卷风使凯西的"飞行"速度明显慢了下来，但他仍然飘在十几米高的半空中，厄运似乎不可逆转，恐怖的坠落迫在眉睫，凯西祈祷厄运快些结束，幻想他们父子会掉到一片灌木丛中。

正当凯西感到风速骤减，悲剧即将发生时，他惊喜地看见距自己约 40 米远的前方，又有一座高压线铁塔朝自己扑面而来！说时迟，那时快，在穿过铁塔的一瞬间，凯西咬紧牙关，伸出右手臂飞快地挽住了一根角钢，"飞行"的惯性使他的身体仍向前飞去，坚硬粗糙的角钢顿时将凯西的手臂刮得皮开肉绽，但他的手臂却在那一刻奇迹般地勒住了角钢！凭着一种比钢铁还硬的意志，凯西勒住了命运的咽喉。

几乎在同一时刻，戛然而止的龙卷风魔术般地将吸入"漏斗"中的杂物抛向空中。铁塔上的凯西目睹树干、轮胎和汽油

罐等从半空中坠地后弹跳翻滚的可怕情景，不禁长舒了一口气。恐怖的龙卷风转瞬间消失得无影无踪，旷野寂静无声，攀在高高铁塔上的凯西有一种劫后余生的感触，挽着冰冷角钢的右臂还在沁出殷红的热血，他竟一点儿都不觉得疼。

一小时后，远处公路上出现了过往的汽车，一位驾驶员看见了被困在高压线铁塔上的凯西父子，他们得救了！

编者注：龙卷风卷人上天，后来安全落地的事，我国也有几起报道。此文贵在清醒亲历。不过，我也存在疑问。文中说是在龙卷眼（气象学中龙卷称管不称眼）中飞行，可能不妥。因为龙卷管类似台风眼，其中风速是很小的，眼中并无强大上升气流，何能载人？但是，我认为文中其他许多地方的叙述是可能出现的，也许是因为本文作者（或记者），对龙卷风原理不了解而造成的。

《奇闻怪事》2006（5）

再现神秘的"空中怪车"

陈震华

据《宁波商报》转引南京《扬子晚报》一篇题为《将神秘的空中怪车再现人世》，副题为《国内首个UFO研究基地在贵阳兴建》的报道说："被定为中国UFO三大悬案之一的1994年贵阳市白云区都溪林场500亩松林被神秘的'空中怪车'成片腰斩事件发生地的白云区政府日前宣布：决定在毁林事发地打造中国首家UFO研究基地……"。

当年，"都溪毁林"这一轰动全国的事件发生后，曾引起学术界的高度重视，有多批不同学科的专家学者前去做过调查。最先到达的贵州省专家组匆匆而来，凭现场观察定论它系"自然现象——龙卷风肆虐"。第二支由中央各有关部门专家组成的调查队调查后，却又众说不一，难以定论。第三批由中国UFO研究会组织的调查考察队从查证"目击'空中怪车'"的信息真伪着手，通过仪器检测、现场勘查、比照核对、认真研究后，认为它是"不明飞行物（UFO）作案"。

不同观点难以统一，有争议的"龙卷风"之说，被急求答案的某新闻单位发稿传开，竟成"先入为主"。但知情的林场专家和目击群众却不予苟同。权威媒体"中央电视台"亦将此事件定为"UFO悬案"，而不是"龙卷风悬案"，并制作成《发现之旅》影视资料，在《探索发现》、《秘境追踪》栏目"UFO"专题节目中多次播出。而今，白云区政府又作出了"再现'空中怪车'场景、建造

UFO 研究基地"的决定。为了让读者了解事实真相,在"空中怪车'再现'基地"尚未建成前,先以文字向读者"再现"一遍。

目击者见证"空中怪车"

1994年11月29日的都溪之夜,宁馨、静谧,劳作了一天的人们早已进入了甜蜜的梦乡,只有砂石场的北砖房里还亮着灯光。砂石场老板兰德荣像平常一样,值夜看着场子,以防碎石机等设备被盗。

凌晨3时,正是人们睡得最沉的时候,老天滴滴答答地下起雨来,远处有闪电和雷声。3时30分左右,兰德荣猛听到一阵轰隆声由远及近,由小到大,就像蒸汽火车行进的轰隆声。突然,这声音逼近房子,他边从床头旁的窗口向外张望,边喊妻子涂学芬:"学芬,好像火车开到我们头顶上来了。"正说着,只见一股强光朝前方射来,天黑,兰德荣看不清强光后面黑不溜秋的物体是什么。在轰隆声中,夹着似东西断裂的声响,兰德荣以为"是砂石堆倒塌了"。涂学芬从床上起来抓撬棒,准备自卫,门却开不动……与北砖房相隔不远的工棚内,50多岁的任志奇醒得早,也听到了"火车"的声音,看到了强光,还以为真有"火车"窜到了房顶,吓得一头钻进了床底下簌簌发抖。

林场职工李兴华的妻子说:当夜,她也听到了轰隆声,从窗子望去,看见有像大卡车般的庞然大物穿林而过,有两股灯光从车头射向前方。

第二天,林场职工查看林区,有四大片林木遭毁,成片茂密的松林像割麦子般被齐腰斩断,斩断的树枝呈同方向倒伏,剩下一片白花花的树桩特别的醒目,毁损面积达400多亩。灾情的发展从西南向东北呈条带状走向,破坏通道就像推土机推过一样,从林场场部西南的羊奶坡开始,而后推向采石场,掠过马家场,到达场部附近的林化厂,又向西北偏东移动,经过凤凰哨、拉

地，向东翻上都溪大坡、大井冲、独角冲、永龙冲，掠过砖瓦厂，最后到达贵阳车辆厂，波及带全长3000米左右，摧毁宽度最窄处为150米，最宽处为300米。

又据距林场东北约5000米、同遭袭击的铁道部贵阳车辆厂的职工说："当时上晚班的工人曾听到像火车慢行的哐当声，并看到两个'光球'旋转前进，十分吓人。火球过后，厂内一棵40多厘米粗的大树和东北面的一堵围墙被掀倒，有个车间屋顶的玻璃瓦被吸走，在厂区铁路线上，一辆满载70吨钢材的火车车厢被推出20多米远，堵在公路、铁路交叉口处。"

所有目击者一致认定这场突如其来的灾祸是由发着巨响、掠地而过的不知名的"空中怪车"造成的。

这一离奇而又突然的巨大灾变猝然发生后，消息一经传开，举世震惊。全国从中央到地方60多家报刊进行了采访报道，各地前来参观考察的人蜂拥而至，从灾情发生到1995年2月8日的两个多月时间里，累计已达2.8万余人。贵州省副省长莫时仁一行也专程前来视察。人们都想了解，这场突然而又巨大的破坏究竟是怎样发生的？又是什么力量造成的呢？

是"龙卷风"肆虐吗

事件发生后，贵州科委、科协立即组织航空、航天、天文、林业、气象、环保等专家前往调查考察，可匆匆而来的一些专家却未重视"目击"反映，未搜集痕迹证据，看了现场就下结论，说"是龙卷风造成的。只要遇上冷暖气流交汇的天气，产生急剧变化的温差，就会形成强龙卷风，龙卷风折断树干，掀翻树根完全可能……"。

可是这一结论却遭到了具有丰富实践经验的林场领导的坚决否定。都溪林场场长张连友说："要说是'龙卷风袭击'，根本不可能。1957年，这一带曾遭遇过风灾（龙卷风），大风夹着冰

雹,又有雷鸣电闪,但与这次的声音、光亮大不一样,破坏状态也不一样。那年山丘迎风面损失大,低洼地几乎无损失,被摧毁林木呈圆周状倒伏,70%的树木被卷翻根,30%被折断。而这一次树干折断不是圆周状倒伏,而是一片一片平推折断,倒伏的方向朝向路径的中心轴线,折断区内击倒的小树,都朝强光去的方向像推土机推过一样并排倒伏,上部树皮折断处还发现有物体擦过的伤痕……而且破坏带边沿像刀切似的,带内的松树被成片折断,而边沿盛开的油菜花、马蹄莲却仍怒放如初,毫发未损。若是龙卷风席卷而过,能分割得这样清楚吗?……"副场长徐中波接着说道:"贵州环球园艺公司设在这里的塑料薄膜温室大棚紧挨着被毁林带,竟然安然无恙。花圃里的各种鲜花也毫无损伤。难道龙卷风会选择目标,只袭林木,不袭大棚、鲜花吗?"

参与省调查组的贵州省林业厅、贵阳市林业局的专家们听了场长和副场长的抗辩有理有据,亦开始认为"这次灾害确实不可思议,难以用现成的理论去解释。"

但是急等答案的一些媒体记者却迫不及待地将尚有争议的"龙卷风"之说先行传播扩散了出去,对社会舆论造成了一定的误导影响。

第二批来自中央各有关部门的调查考察队由中科院、国家科委、中国建材科学院、国家环保总局等单位的12名权威专家组成,于春节前风尘仆仆地从北京前来贵阳进行现场调查、考察。专家们对所谓的"空中怪车"从各自的学科角度出发发表高见,有说是"陆龙卷(风)"肆虐;有说是"下击雷暴"造成的;有说是"等离子火球"穿过的;也有说是"地壳运动释放能量"引起的……众说纷纭,不一而足。

也有的专家则表示难以理解,不肯轻率表态。如有的专家认为:这次事件可能是"超自然现象",不是我们所认识的雷、电、声、光、磁所为,从现场看,不管是林场还是车辆厂,这么大的灾害竟没有人员死亡,连高压输电线、电话电缆线都未受

损,这实在难以理解……

中科院生态环境研究中心的高级工程师胡成南则说:"这么大能量的来源,只有放射核能、磁能才能解释清楚(而据事发当时拍的照片显示,被折断的树干上方确有白色的磁雾)。"

国家科委成果司专家程明则认为:"此现象十分特殊,各方看法虽有一定道理,但要解开此谜,还需要进一步分析实验。"

各种意见无法统一,难下结论。

是"不明飞行物"作案吗

最后的调查是由 UFO 研究会组织的。

中国 UFO 研究会应贵州省分会的要求,组成专家考察队于 1995 年 4 月 17 日至 24 日赴贵阳现场考察。组成人员有陈燕春(带队)、万国庆、王方辰、张茜荑、刘凤君、谢湘雄、胡其国、吴汝林。

调查考察历时 8 天,首先,专家考察队走访了所有目击证人,听取了他们的详细陈述;然后考察了林区林木被毁的全貌,详细观察了林木被折断的方位及断茬情况,并通过卫星定位仪测定了被毁物的具体位置及面积;对于贵州车辆厂被破坏的重点地方及物件进行了时频、弱磁及射线的测试;观看了贵州车辆厂拍摄的原始录像带。在贵州 UFO 研究会、贵州车辆厂和都溪林场的大力支持下,考察进行得很顺利。可惜由于相隔时间太久,仪器未能测出异常。而据说事发当时是有磁现象的。考察队的专家们对目击反映、现场勘查、仪器检测的情况,进行了综合分析。为理顺思路,先对前两批调查队的专家学者对"破坏成因"进行评论,刘凤君教授发表了精辟的见解:

1. "龙卷风肆虐"之说。评论认为:根据对整个林区破坏的情况观察,分析树的断茬和倒向,破坏不可能是"龙卷风"造成的。因为"龙卷风"破坏折断后的树木应为顺圆周倒向,呈漩涡状。经考察被毁林木不存在此种现象。

2. "下击暴流造成"之说。评论认为：从林场大部分树被折断的方向来判断，在大井冲上周围20米的树林中，仅有一棵直径为30厘米、高20米左右的松树被折断，倒向偏北40度；在大坡顶未破坏的树林中有两棵树翻根倒下，在距此树4～5米处还有两棵树翻根倒下，像被一种巨大的力量推倒似的，但是找不到着力点。此种现象在未被破坏的其他树林中也有发现。这种点式的破坏现象不能用"下击暴流"来解释。

3. "等离子体火球穿过"之说。评论认为：用"等离子体火球"来解释造成对林木的破坏也是说不通的。因为"等离子体火球"温度高达几万摄氏度。若是等离子体火球破坏，一定伴随有大面积的烧灼痕迹。而在考察中不但没有发现烧灼的痕迹，就是被火烤的痕迹也没有。

4. "地壳运动释放能量"之说。评论认为：从被破坏现场可以清楚地看出破坏力场来自空中而不是地下。该林区既无火山喷发，又无地层断裂，何来地壳运动能量释放呢？

在理清思路、统一认识的基础上，通过对所有素材的反复研究和认真分析，最终达成共识，认为可以认定这次事件是不明飞行物（UFO）所为。根据参与者提供的笔记资料，当时议论的认定依据大体有这样三条：

1. 目击"空中快车"之说与现场痕迹核对相符，证实"毁林"是不明飞行物（UFO）贴地低飞、强行穿林造成的。目击者所提供的"曾见'空中怪车'掠地飞过"的证词与现场勘查的破坏实况相吻合，从被摧毁林区呈"条带状走向"和被折断林木呈"同方向倒伏"两大特征以及"事发当时测到的磁现象"，清晰显示"条带状破坏带"就是不明飞行物进入低空贴地飞行的运行通道。由于飞行高度过低，故造成通道内的林木被不明飞行物机身释放的磁场成片摧毁，断树受飞行气流带动而朝前进方向成排倒伏。

2. 破坏具有的"意识性"、"选择性"说明飞行物内有智慧生命操控。在这次灾害中有一个怪现象，就是只毁林木，不伤人畜

和设备（架在林中的高压电缆、电话电缆，盖在近旁的塑膜大棚全都安然无恙），不伤作物（栽种在破坏带边上的油菜、鲜花、马蹄莲依然长势良好，毫发未损）。从破坏所具有的这种意识性、选择性看，似乎显示飞行物内有智能操控，并向人类示好。

3. 强大的"冲击力场"显示了飞行物的非地球性。"飞行物"在破坏中显示了强大的冲击力。要在短短十几分钟内对3000米长、200米宽的松林像推土机推过一样将其撞断、推倒，尤其是将在贵州车辆厂料棚上的16号槽钢折弯、磅房的外径为108毫米钢管立柱折断或弯曲、使砖砌围墙倒塌等等，这样巨大的冲击力是任何人类的飞行器所无法想象的。从考察的情况来看，槽钢被折弯、钢管被切断或弯曲，都应是集中冲击荷载所致。这样的动载荷绝不可能来自人力或风力……能发出如此强大力场的"飞行物"当然不可能是地球之物，除了UFO，又岂有他哉！

研究会调查考察队结束调查返回北京后，立即发了（95）第1号简报，以书面形式明确认定都溪毁林事件是不明飞行物（UFO）所为。可是对这种没有"案犯"承认的缺席定案，公众会认同吗？

"案犯"显形

正在人们对各种说法莫衷一是，陷入困境时，想不到都溪"案犯"竟会意犹未尽，而在独山再次作案，终于在光天化日之下露了本相，为苦无实证的"UFO作案"之说提供了佐证，给困惑的人们解开了疑团。

1995年2月9日，位于黔贵交界处的独山林场，又再次发生树木被折断事件。而这次的作案"黑手"却在光天化日之下被民航班机发现。

这天，中原航空公司的B737-2946机组接民航总局调度令，执行865/6航班任务，于8时01分由广州飞往贵阳，并于9

时 11 分抵达贵阳磊庄机场上空。当飞机按地面塔台指挥,由 4200 米高度降至 2400 米,加入左修正角,准备由北向南下降着陆时,突然,机首防撞系统发出警报,屏幕显示在前方 2 海里处有一相对飞行物朝飞机飞来,图像显示该物开始是菱形,后来变成椭圆形,颜色由黄色变成红色。机组立即报告地面,塔台回答"本场无其他飞行活动,空军也没有飞行活动。"而该飞行物却对准飞机越飞越近,9 时 14 分距离缩短到 1 海里,防撞系统告警,机组采取紧急避让措施,绕道穿云,于 9 时 20 分安全着陆。

2946 机降落后,地面雷达继续跟踪该飞行物轨迹,发现该飞行物 9 时 20 分至 10 时 12 分一直游弋在贵阳东北 70 千米处上空,10 时 13 分往独山方向飞去,接着就故伎重演,发生了独山林场林木摧毁事件。

根据民航西南局和贵州省局航管处的航空专家通过资料分析后判定:"2946 机遭遇的不是什么气旋、天电、云团之类的自然天象,而是实体飞行器,波音 737'防撞系统'属世界先进科技产品,是为防止飞机与其他飞行器相撞而设置的,它只对金属或非金属的实体有反应,对虚幻的云团、气旋、天电不反应,它的预警显示比目测观察更可靠,因而完全可以排除任何误认的可能,所见物体是一个实实在在的不明飞行器。"举一反三,不言自明,"毁林"作案者是"UFO"大致已可定论了。

编者注:《气象知识》在 1995 年第 2 期发表了以贵州省气象学会署名的《是空中怪车袭击贵阳吗?》一文。文章指出,1994 年 11 月 30 日凌晨在贵阳都溪林场发生的"都溪毁林事件"系龙卷风所为,曾广为流传。但是后来当地又陆续来了两个调查组,其中第二个是中国 UFO 研究会组织的。他们深入分析和调查后否定了龙卷风说。中央电视台也定性为"UFO 悬案"而非"龙卷风"悬案。当然,都是"悬案"。

《科学 24 小时》2006(12)

中国科普文选（第二辑）

气象新事

生活和文化

SHENGHUO HE WENHUA

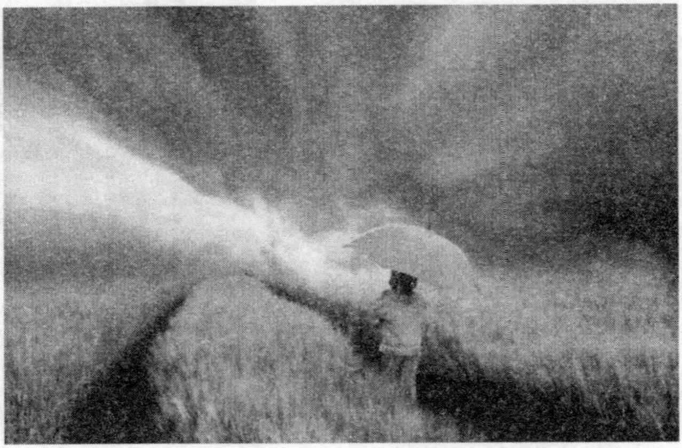

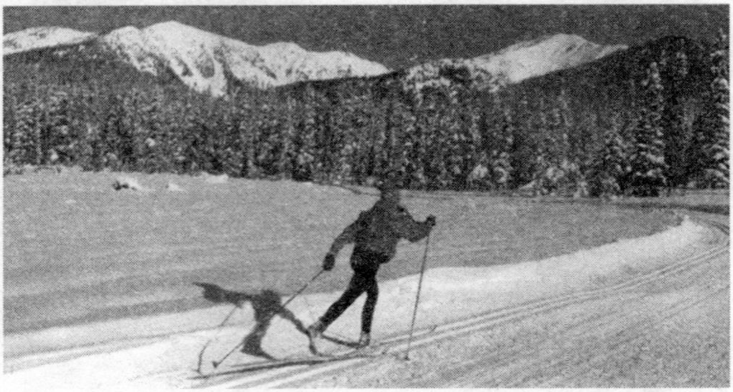

寒与中国古代文化

林之光

我国大部分地区纬度位于温带和亚热带，冬季本应十分温暖。可是，频频南下的北方寒潮冷空气，却使我国成为世界同纬度上最寒冷的地方。例如40°纬度上的北京，1月平均气温 −4.7℃，比同纬度世界纬圈平均偏低10.2℃；30°纬度上的武汉（2.8℃）更比世界同纬度纬圈平均偏低11.9℃之多。寒冷给我国人民的衣食住行、风俗习惯以至文化产生了深刻的影响，使中国古代生活中的人和事，许多都冠上了"寒"字。

先说人。古代称贫穷读书人为寒士，寒人，寒儒。例如，杜甫《茅屋为秋风所破歌》中："安得广厦千万间，大庇天下寒士俱欢颜，风雨不动安如山。"贫穷而有才华的读书人则称寒俊（畯）。王定保《唐摭言·好放孤寒》中有，"李太尉德裕颇为寒畯开路，及摘官南去，或有诗曰：'八百孤寒齐下泪，一时南望李崖州'。"是说李德裕当官肯关心、提携寒畯，因此一旦离朝南贬崖州（今海南），八百寒畯皆伤心落泪。

寒士既家境卑庶贫寒，因此便称出身"寒门"、"寒族。"例如成语"薄祚寒门"、"白屋寒门"。此外，"寒贱"、"寒素"、"寒微"等也都是指出身门第低下的意思。

为什么称贫穷读书人为"寒"呢？《史记》中有这样一个"一寒如此"的典故。大体是，范雎，字叔，有才，很穷，投魏国中大夫须贾为门客。一次随须贾出使齐国，回国后却因受须贾

猜忌被毒打几死，丢弃厕所。苏醒后逃到秦国，当了宰相。后来须贾出使秦国，范叔故意穿上破旧衣服来见须贾。须贾不知，对他说，"范叔一寒如此哉！"后来就用"一寒如此"成语来比喻贫困潦倒，穷到极点的意思。

不过，"寒"字有时则是用作谦称。例如，"寒舍"常作为自己家的谦称；"寒荆"是对自己妻子的谦称。并非这些人家真的很穷。"十年（载）寒窗"的意思是古人长期日夜在窗下攻读。这个成语大概是从类似金代刘祁《归潜志》中"古人谓，十年窗下无人问，一举成名天下知"化出来的。可见寒窗下读书的也不一定都是穷苦人，只是说攻读艰苦而已。既然窗是寒的，那么灯自然也是寒的了，故有"寒灯青荧"。

寒自然也渗透到古人日常生活之中。例如，古代御寒的衣叫寒衣、寒具（例如《宋史》刘恕传："自洛南归，时方冬，无寒具"）；家里捣衣服的石（及其捣衣声）叫"寒砧"；粗劣的饭食叫"寒斋薄饭"；不加热的食品（如干果、水果）叫寒馐；吃做好已凉的饭食叫"寒食"（清明前一天是"寒食节"）；早晨冷得不想起床叫"寒恋重衾"，等等。

"寒士"、"寒人"家境贫寒，难免有因贫困而出现的窘态，古人称之为"寒酸"、"寒碜"。例如"寒酸气"、"寒酸相"。"寒碜"除了指因穷而衣着破旧难看外，也可作动词用，例如"寒碜了他一顿"。

在中医养生方面。寒邪是中医学六大外感病邪之一，明代名医张景岳总结出我国北方人"阳虚体质，病多寒象"。中医称受寒而发病证候叫寒证，受了寒邪人体会得寒热，寒热之初人体发抖叫"寒战"，受寒过度还会导致"寒痹"以至"寒厥"。寒性疾病医治办法是散寒，即"寒者热之"。汉代医圣张仲景著名的《伤寒论》中的寒，首先指的就是寒邪致病。作者曾在《人民日报》科技版撰文，指出中医和中医养生就是适应中国特殊气候（特别是寒）的医术，或者说，是被中国特殊气候"逼出来的"。

更有趣的是，由于冬寒难耐，古人见面问候起居的客套话叫"寒暄"，"寒温"，也就是"嘘寒问暖"的意思。因为"暄"就是温暖。例如《南史·蔡撙传》中："及其引进，但寒暄而已，此外无复余言"，也就是只说说客套话。"不遑寒暄"是指事情紧急顾不得说客套话。但如果一般情况下不先进行寒暄，会被认为不礼貌。例如《旧五代史·钱镠传》中，"明宗即位之初，安重诲用（管）事，镠尝与重诲书云：'吴越国王致书于某官执事'，不叙暄凉（寒暄），重诲怒其无礼。"后来还借故削去了钱镠的吴越（地方）国王等称号。可见古人对寒暄之重视。

寒对我国古文化影响还远不止此。比如，害怕叫"心惊胆寒"，灰心叫"心如寒灰"；人刚死不久叫"尸骨未寒"，死者称"寒骨"（例如宋苏舜庆、黎明《悲二子联句》："作诗告石梁，聊以慰寒骨"）。《五朝名臣言行录》卷七中还有："军中有一韩（姓），西贼闻之心骨寒。"可见，寒对中国古人，可称"刻骨铭心"。

天下何处好避寒

林之光

冬季中南下的西伯利亚冷空气使我国成为世界同纬度上最为寒冷的地区。

这种冬寒的影响几千年来已经深入到了我国古代生活和文化之中。例如古代称穷苦读书人为"寒士",寒士出身于"寒门";古人谦称自己家为"寒舍";古人见面时的问候话"寒暄(暖)",甚至至今还有人在用。毛泽东主席诗词中也曾称一年为一个"寒(冬)热(夏)"。

如今,人民生活水平迅速提高,加上交通发达,"天涯若比邻",因此大自然避寒旅行已经提上日程。在我的周围,冬季到海南三亚去住上一个月,已是常见的事。

那么,天下何处好避寒?

在谈这个问题之前,我们需要确定一个大体的寒和暖的标准。

在我们的常识里,冬季是寒的,夏季是热的。春秋季不冷不热,是温暖的。本文借用现今我国气象部门划分四季的指标和标准,作为划分冷、暖、热的标准:即5天平均气温稳定在10℃以下称为寒(冬季),22℃以上为热(夏季),10~22℃就是温暖(春秋季)了。在本文里,为了简化,我们取全年最冷的1月平均气温在10~22℃的地区为适宜避寒区。22℃以上的地区里已有不同程度的夏热,除专门为了欣赏那美丽的热带风光,我

们一般不会到那里避寒。

向南方：去华南、去海南

大家知道，南方的冬天是温暖的，因为纬度越低，阳光热量越丰富。

我国冬季中，由于西伯利亚冷空气频频南侵，我国1月平均气温要到福建福州，广东韶关，广西柳州一线，即大约北纬25°左右及以南，才升到10℃以上，大自然草木常青，四时常花。那里尽管日历上也有"小寒"、"大寒"节气，但身旁仍是春天般的气温。

不过，即使南下到了海南岛的最南边，1月平均气温仍在22℃以下。我国只有西沙及以南的南海诸岛才冬季里仍在过夏季的生活。

向西南：去滇南、去滇西横断山区河谷

奇怪的是，我国西南地区虽然海拔一般都在500~1000米，但除了较高山区外仍有许多冬季适宜避寒的好地方。其中最著名的可能要算西双版纳。她的首府允景洪（北纬22°，海拔553米）1月平均气温高达15.6℃，曾记得街道两旁大都是热带品种行道树。

除了滇南，滇西横断山脉河谷也是很好的避寒地方。例如怒江河谷中北纬25°，海拔727米的潞江坝，1月平均气温14.1℃，1981年我曾应邀参加中国科学院横断山区科考队参观过这里的热带作物农场，农场的小粒咖啡质量很好，出口外销。我们在农场午饭喝的咖啡，午夜1时回到保山市住宿时仍然兴奋得一点睡意都没有。

另一个典型可以举川西高原上的西昌，北纬28°，海拔1591

米，1月平均气温还高达 9.5℃（也就是只要再低约百米，就达到 10℃ 了），而同纬度上贵州桐梓，因为经常浸泡在北方南下的冷空气海洋里，因而虽然海拔仅 972 米，但 1 月平均气温却只有 3.9℃！

此外，在西藏最东南部大体海拔 800～1000 米的地方，1 月平均气温也在 10℃ 以上。只不过因冬季交通不便，我们暂时还不能到那里去避寒罢了。

西南地区海拔高而冬季气候反暖的原因，主要是地形的作用。即巨大的青藏高原及其东坡阻挡了西伯利亚南下冷空气的入侵。没有了冷空气，低纬度强热阳光自然会把当地冬季晒得很暖和。实际上，青藏高原还是世界上最强大高效的挡风墙。因为在中低纬度上，世界上再没有比西伯利亚寒流更冷，也再没有比青藏高原更高大的山脉了。

向地下：黄土高原窑洞也可避寒

有趣的是，在冬季千里冰封的北方竟然也有适宜避寒的地方，那就是黄土高原中南部的窑洞。窑洞之所以冬暖，主要是因为土壤是热的不良导体。随着入地深度的增加，地温迅速上升，到大约 10 米左右以下便是恒温世界了。其恒温的温度，大体等于当地年平均气温。黄土高原上大约太原、延安以南和兰州以东南，年平均温度都可在 10℃ 以上。

但是，那里一般水平的窑洞还不太行，因为窑洞为了采光，门窗开得较大，散热较多。只有一种叫下沉式窑洞（地窨院），才比较适宜避寒。它们从平地向下挖 10～12 米，挖成方形地坑（天井）后，再向四壁开挖出窑洞院落。所以乍到这样的村落，真是"进村不见村，树冠露三分（窑洞天井种树）。平地起炊烟，忽闻鸡犬声"。原来是，"院落地下藏，窑洞土中生"。有位台湾记者采访山西平陆县侯王村一位下沉式窑洞主人，他说他室

内一年四季气温始终在 10~22℃ 之间，盛夏三伏在窑洞内睡觉也要盖被，数九隆冬仍然暖气融融。因此久居窑洞的老人还不愿意搬到地面上的砖瓦房居住。

向海洋：洋流制造的避寒地

实际上，与避寒有关的还有海洋，因为冬季中海洋和海滨一般总是比同纬陆地温暖。

但海洋对避寒区影响最大的是洋流。暖洋流把避寒区大幅度推向高纬度。世界上最强大的两条暖洋流分别是北大西洋暖流和北太平洋的黑潮暖流。北大西洋暖流在大西洋东部把 1 月平均气温 10℃ 线推到了北纬 50°，而黑潮暖流也使 1 月 10℃ 线推过了北纬 40°。

但是它们却并没有分别对欧洲西岸和北美西岸地区的避寒区分布造成重大影响。以北大西洋暖流为例，它主要影响北纬 50°以北海区，因而使得西欧和西北欧地区 1 月平均气温等温线几乎平行于海岸线，即那里不是越北越冷而是越东气温越低。北大西洋暖流对那里增暖作用最强的地方是爱尔兰西岸，但 1 月平均气温也只有 7℃ 左右。而西欧 45°以南沿岸则因当地盛行的是加那利冷洋流而反降温了。

如果说，1 月份暖洋流能使避寒区推向高纬，那么冷洋流则能使避寒区向低纬扩展。1 月份中全世界最强大的冷洋流也有两条，分别是从环南极的西风漂流中分支北上南美洲西岸的秘鲁寒流和非洲西岸的本格拉寒流。例如秘鲁寒流甚至在近赤道纬度上的秘鲁首都利马（南纬 12°）制造了温和的避寒区。利马 1 月平均气温 21.5℃，成了世界同纬度上低海拔地区最为凉快的地方。

世界避寒区的分布是立体的

从 1 月世界适宜避寒区分布图可以发现,南北半球各一条的适宜避寒区,基本上并行于纬圈。这说明在世界避寒区分布中,纬度的影响是最重要的。

但是,它们又并非完全并行纬圈,而是还有很大的波动,即还有经度方向的变化。其主要原因有二,一是冷暖洋流,这在前面已经说过。二是冷暖气流。例如 1 月平均气温 10℃线北美洲位于纬度 32°,而东亚则更南,为纬度 25°。这是因为一般大陆的东北部是大陆最冷的地方,因此南下的冷空气使陆地海平面气温也从东向西升高。我国冬季有着世界同纬度上最严寒的南下冷空气,因此我国东部也成了世界上适宜避寒带极侧最近赤道的地方。

但是同在亚洲东部,我国的西南和华南地区避寒北界也有着很大差异。这就不能仅用经度来解释,而主要是局地地形影响了。青藏高原这块巨大的挡(寒)风墙,甚至使纬度高达 34°的巴基斯坦白沙瓦(海拔 339 米),1 月平均气温也升到了 10.7℃!

当然,除了高山能挡风寒,土壤和水层也能隔冬寒。因此,凡 1 月平均气温在 10~22℃的地区,其地面和水面一定深度以下的建筑物也都是能避寒的地方。同样,在赤道和热带地区海拔大约 1000~2200 米的山上,由于大气被子的减薄而适度降温,也成了北半球冬季中温度适宜的避寒佳地。

我们冬季中的避寒区分布是立体的。

编者注:原来发表时的大标题叫"世界 1 月 10℃~22℃ 的避寒区"。

"节气"入联意趣多

曾洪根

将农历24节气与对联巧妙嫁接时,便产生了许多别具风格的节气联。民间广为流传的如:夏至有雷三伏热;重阳无雨一冬晴。清明高粱小满后;芒种芝麻夏至豆。

这些对联,精巧别致,造句自然。同时,它又是一些气象、农事的经验总结。

下面我们再来欣赏一些节气联。

洪承畴为明朝大臣时,深受崇祯皇帝器重,可就这么个"臣节重如山"的家伙,后来在松山战役失败后,投降了清朝,做了清朝的大官。一次,一位客人与其对弈,其间有丫环来上茶。客人饮罢,只觉清香扑鼻。仔细一想,此日正好是"谷雨",便随口道:"我道茶香这样浓,原来是'雨前茶'。"洪承畴不愧为大学士,随口吟出:

一局棋枰,此日几乎忘谷雨;

而后得意地对客人说:"这恰好是一句上联,你把它续完如何?"客人道:

两朝领袖,他年何以别清明?

"两朝领袖"是指洪承畴在明清两朝都做大官。"别清明"是所谓无情对,字面意思与上联的"忘谷雨"相对,而实际却是骂洪承畴受明恩却降清朝,哪儿还有"清明"可言呢?

据传,明代有位学士,在浙江天台山游览时,夜宿山中茅屋。次日晨起,见茅屋一片白霜,心有所感,随口吟出一上联:

昨夜大寒，霜降茅屋如小雪；

联中巧嵌三个节气：大寒、霜降、小雪，自然流畅，可自己竟对不出下联。直到近代，才由浙江名士赵恭沛对出了下联：

早春惊蛰，春分时雨到清明。

相传有位秀才进京赶考，路见一农夫冒雨耕种秧田，触景生情，随口吟出一上联：

惊蛰春分送谷雨；

联内巧嵌三节气：惊蛰、春分、谷雨。秀才向农夫求下联，农夫面有难色，但马上灵机一动说："这会儿我没空与你耍嘴皮子，等你秋后中了榜，我自有妙对。"

秋后，秀才榜上有名，前来向农夫索对。农夫当即对道：

清明端午续中秋。

下联以三个传统民间节日妙对三个节气，堪称妙手大成。秀才大喜，遂与农夫结为挚友。

清代文人闵鄂元自幼喜欢作对，常常是出口成章。有一年元宵节，他随父乘船到毛尚书家作客，时逢那夜乌云遮月。毛尚书命家人张灯结彩，敲锣打鼓，又请陪客的幕僚出联属对，以助雅兴。席间，你出一联，我答一联，好不快活。这时，毛尚书提议以元宵夜为题属对，一幕僚望着辉煌的灯火说道：

元宵不见月，点几盏灯为河山生色；

满座高官名士听后，谁也对不上来。这时，闵鄂元听到鼓声阵阵，于是上前高声对道：

惊蛰未闻雷，击数声鼓代天地宣威。

满座宾客齐声叫好！

编者注：我有点怀疑洪承畴"谷雨—清明"对的真实性。因为下联明显是对者当面给洪承畴下不了台的难堪。因为"清明"虽表面上是用来对"谷雨"，但意思百分之百是指清朝和明朝，因为下联前两字就明点"两朝"。

《智力·中学以上》2006（1）

古词中的风

复 达

宋词在中国古典文学中可谓是独树一帜。作者往往借自然景物来抒写自己的情感,风这一自然现象就充盈在许许多多的词中。作为一个名词,风在古代诗词中出现的频率非常高,由风引申出来的抽象性词语的运用也不胜其数。总观中国古代词中所使用的"风"字,主要体现在时间、方位、意境和作者的情感上,那种反映在词句中的风的运用和所产生的语意,可谓丝丝入扣,细细入味,令人赞叹,拍手叫绝。

风在时间上的表现主要为时节方面,既直观又有较多的含蓄性。除直接以春夏秋冬之风来表示外,春天的风还以"和风"、"惠风"、"软风"等来描述,如"正是和风丽日,几许繁红嫩绿"(柳咏《西平乐》)、"迟日惠风柔,桃李成荫绿渐稠"(张浚《南乡子》)、"软风吹过窗纱,心期便隔天涯"(纳兰性德《清平乐》)等;夏天的风又叫暑风、荷风等,如"正是雨余天气、暑风清"(曾觌《南柯子》)等;表示秋风的有"金风"、"尖风",如"正金风西起,海燕东归"(康与之《金菊对芙蓉》)等;反映冬天风的,又称"寒风"、"霜风"、"朔风"等,如"长空降瑞,寒风剪,渐渐瑶花初下"(柳永《望远行》)、"征尘暗,霜风劲,悄边声,黯销凝"(张孝祥《六州歌头》)等。此外,也反映一天中的各个时段,如:"今宵酒醒何处,杨柳岸、晓风残月"(柳永《雨霖铃》)中的"晓风"、"阊门烟水

晚风恬,落归帆"(贺铸《梦江南·太平时》)中的"晚风",就表现了拂晓和傍晚两个时段。词正意切,既反映了不同的季节和时段,又别有不同的韵味。

风,在古代有"八风"之说,现在有"八面来风"之语。由风可知不同的风向和特定的地点。描绘方位的,主要以东南西北等四个方面来表述,如"空独倚东风,芳思谁寄"(周密《花犯》),"更邀豪俊驭南风,此意平生飞动"(李祁《西江月》),"莫道不消魂,帘卷西风,人比黄花瘦"(李清照《醉花阴》);"上得床来思旧乡,北风吹梦长"(吕本中《长相思》)等。在古代词语的运用中,有的表示方位词的风,也兼用季节方面的风,如"东风吹柳日初长,雨余芳草斜阳"(秦观《画堂春》)中的"东风",就表示春风的含义;"竞看九日、西风弄寒菊"(黄裳《桂花香》)、"濯足夜滩急,曦发北风凉"(张孝祥《水调歌头》)两句中的"西风"和"北风",则表示冬天的风。有一些风既反映了某一特定的地点,又描绘了风的各种背景。如"睡处林风瑟瑟,觉来山月团圆"(朱熹《西江月》)中的"林风"、"雪浪溅翻金缕曲,松风吹醒玉酡颜"(周紫芝《摊破浣溪沙》)中的"松风"、"兰露重,柳风斜,满庭堆落花"(温庭筠《更漏子》)中的"柳风"、"蕙风芝露,坛际残香轻度"(孙光宪《女冠子》)的"蕙风"等,从不同植物的角度来表现不同风的情境。"山风欺客梦,耿耿到天明"(刘辰翁《临江仙·有感》)中的"山风"、"小溪篷底湖风重。吹破凝酥动"(吕本中《宣州行》)中的"湖风"、"江风紧,一行柳阴吹螟"(张炎《梅子黄》)中的"江风"、"拍阑干,雾花吹鬓海风寒"(乔吉《殿前欢·登江山第一楼》)中的"海风"等,从山、湖、江、海等不同地域来描述不同的风所营造的氛围和意境。

古词中表述各种风的形态、程度、情感等的时而可见,给人一种摸得着、看得见的感觉。如"破暖轻风,弄晴微雨,欲无还有"(秦观《水龙吟》)中的"轻风","细风吹柳絮,人难

渡"（贺铸《感皇恩·人南渡》）中的"细风"，"冷雨斜风，何况独掩西窗"（王沂孙《声声慢》）中的"斜风"，"最是酒阑人散后，疏风拂面微酣"（谭献《临江仙·和子珍》）中的"疏风"等，从几个不同的角度表现了风的不同形态，仿佛历历可见似的。"晴云断，狂风信"（黄裳《瑶池月》）中的"狂风"，"暴风狂雨年年有，金笼锁定"（黄庭坚《转调丑奴儿》）中的"暴风"，"月屿一声横竹，云帆万里雄风"（胡铨《朝中措》）中的"雄风"，"疏雨池塘见，微风襟袖知"（贺铸《醉厌厌》）中的"微风"等，从不同侧面描绘了风的不同程度，读着让人感觉不同风的等级拂面而来似的。"试倩悲风吹泪、过扬州"（朱敦儒《相见欢》），"重别西楼肠断否，多少凄风苦雨"（范成大《惜分飞》），"云垂幕，阴风惨淡天花落"（朱熹《忆秦娥》）等词句中的"悲风"、"凄风"、"阴风"，反映了作者在不同场境中对风所感受的不同情感，产生的效果完全不一样。

将风与具体的事物组合一起，形成各种物体的意象，产生各种新的意境，在古词中可谓别具一格。如"促拍尽随红袖举，风柳腰身"（柳永《浪淘沙令》）中的"风柳"，"风蒲猎猎小池塘，过雨荷花满院香"（李重元《忆王孙·夏》）中的"风蒲"，"水面清圆，一一风荷举"（周邦彦《苏幕遮》）中的"风荷"，"夜深风竹敲秋韵，万叶千声皆是恨"（欧阳修《玉楼春》）中的"风竹"，其他如"风叶"、"风花"、"风梗"、"风樵"等，从植物的不同种类来描述风的意象，使风与植物的组合形成了一种崭新的意境。而将风与人及人身上穿戴的衣冠结合在一起，更是别具匠心。"娟娟月姊满眉颦，更无奈、风姨吹雨"（范成大《鹊桥仙·七夕》）中的"风姨"，"从渠里社浮现，枉笑人间风女"（元好问《石州慢》）中的"风女"等，将女子的形象与风结合起来，很是逼真。"风帽还欹清露滴，凛凛微生寒栗"（周紫芝《酹江月》）中的"风帽"，"绿似去时袍，回头风袖飘"（张先《菩萨蛮》）中的

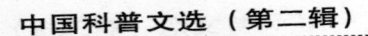

"风袖"，"三十六陂人未到，水佩风裳无数"（姜夔《念奴娇》）中的"风裳"等，描绘了与风糅合后衣冠的动感，十分精巧。"穿线人来月底，曝衣花入风庭"（王沂孙《锦堂春·七夕》）中的"风庭"，"晚云将雨不成阴，竹月风窗弄影"（陈师道《西江月》）中的"风窗"，"烟柳画桥，风帘翠幕，参差十万人家"（柳永《望海潮》）中的"风帘"等，将风与建筑及其装饰物联在一起，令人感到浑然自成。

　　古词中常常把风作为一种主体，以拟人化的手法将风的特定形象和意境刻画得入木入扣。如："风驰千骑，云拥双旌，向晓洞开严署"（柳永《永遇乐》）中的"风驰"，"雾鬓风鬟相借问，浮世几回今夕"（范成大《念奴娇》）中的"风鬟"，"烟波醉客，见快哉、风恼娉婷"（黄裳《新荷叶》）中的"风恼"等，将风进行拟人化描述，既形象生动，又耐人寻味。"人姝丽，粉香吹下，夜寒风细"（柳咏《翠楼吟》）、"风急落红留不住，又斜阳"（曾觌《春光好》）、"帘卷、帘卷，一任柳丝风软"（吴伟业《如梦令》）、"风狂雨妒，便万点落英"（王夫之《摸鱼儿》）等词句中的"风细"、"风急"、"风软"、"风狂"，从不同的角度描绘了风的不同形态，形象逼真，意境深厚。

　　与风相连的一些固定词语，在古词中也频频出现。如"天与多情不自由，占风流"（贺铸《唤春愁》）、"直恐好风光，尽随伊归去"（柳永《昼夜乐》）、"似佯醉、不耐娇羞，浓欢旋学风雅"（曾觌《顷杯乐》）、"风度精神如彦辅，太鲜明"（李清照《摊破浣溪沙》）等词句中的"风流"、"风光"、"风雅"、"风度"，以抽象性词语来表达作者所要形容的含义。"异乡风物，忍萧索、当愁眼"（柳永《迷神引》）、"骨换丹砂，笑尚带、儒酸风味"（张雨《宴山亭》）等词句中的"风物"、"风味"，以抽象名词的形式反映了作者各自不同的意境和心绪，可圈可点。

不难认为，在古词中，古人或将风作为一种形象来表述，或运用修辞的方式来体现某种形态，使风形成了一种既是自然的又是人文的文化现象。通观古代的词，这种风文化现象历历可数，熠熠生辉，可谓是意未尽，犹未断。

《气象知识》2006（3）

扇子诗情

缪士毅

"清风生掌握,爽气满襟怀。"炎热之时,扇儿轻摇,清风舒怀,心旷神怡。

我国是扇的王国,也是诗的国度。扇赋予诗人以灵感,诗人为扇添光彩。扇子五花八门,如南朝江淹的"纨扇如团月,出自机中素。"写的是纨扇;唐人张祜《福州白竹扇子》吟咏的为竹扇:"藤缕雪光缠柄滑,蔑铺银薄露花轻。清风坐向罗衫起,明月看从手中生。"元代郑元佑《赵千里扇面写山次韵》描绘的是折扇:"宋诸王孙妙盘礴,万里江山归一握,卷藏袖巾舒在我,清风徐来谷衣薄。"折扇,还是中外交流的产物,北宋时苏东坡就曾得到几把高丽的白松扇,并赋诗曰:"展之广尺余,合之止两指。"而苏辙所持的折扇来自日本,他在诗中云:"扇自日本来,风非日本风。……但执日本扇,风来自无穷。"

扇子,多用于取凉。明代瞿佑的咏扇诗:"开合清风纸半张,随之舒卷岂寻常。花前月下团圆坐,一道清风共自凉。"展现了一幅温馨的家庭消夏图,清幽又迷人。唐代杜牧的《秋夕》:"银烛秋光冷画屏,轻罗小扇扑流萤。天阶夜色凉如水,坐看牵牛织女星。"生动地描绘出少女们持扇追萤的活泼姿态和欢乐情绪,呈现出一幅清新的夏夜纳凉场景。《千家诗》中的"宫纱蜂赶梅,宝扇鸾开翅;数折聚清风,一念生秋意。"持扇纳凉,清风徐徐,如秋凉之爽,甚为惬意。

小小的扇子，在诗人笔下流露出不同的情感。唐代李峤诗曰："御热含风细，临秋带月明。同时如可赠，持表合欢情。"一把小扇竟是青年男女定情的信物。唐寅的"秋扇纨扇合收藏，何事佳人垂感伤。请把世情详细看，大都谁不逐炎凉！"表达了当时愤世嫉俗的心情，鞭挞了世态炎凉的作茧之人。汉代宫廷女诗人班婕妤失宠于汉武帝时，写下了《怨歌行》"新裂齐纨素，鲜洁如霜雪。裁为合欢扇，团圆似明月。出入君怀袖，动摇微风发。常恐秋节至，凉飙夺炎热。弃捐箧笥中，恩情中道绝。"以扇作喻，道出了封建时代被王公贵族玩弄的女性的哀情。

　　"清凉世界，出自手中。"郭沫若的咏扇佳句，足让人有读诗生凉之感。而民谚"你热我也热，扇子借不得"更令夏日里的人们对扇爱不释手了。

《气象知识》2000（4）

气候因素决定饮食文化

叶岱夫

气候的时空差别和地理环境的差异往往通过物产影响饮食的用料和人们的习惯口味、嗜好。例如海洋性气候显著的沿海地区以海鲜菜著称;江河两岸地区以河鲜菜闻名;河流的下游与上中游的河鲜口味也略有区别,位于上中游的峡谷急流段的河鲜因鱼虾需抗急流才能生存,其肉具明显的弹韧性,吃起来不只是鲜美,还有特殊的口感;大陆性气候显著的内陆山区则以野味和山珍著称;干旱气候区则以牛羊等牲畜为食,但与湿润气候区比较而言,干旱地区的牛羊肉少膻味,且瓜果菜质量佳;同是稻谷,北方所产的稻谷质量因蛋白质含量高而优于南方。

气候的冷热干湿也影响到人们的饮食习惯。一般讲来,湿热地区的人重干香辣(用干辣椒);伏旱地区的人善清香辣(用新鲜辣椒)。从季节变化来看,南岭以南的粤、贵、闽、台、琼等地,一年之中春夏季节要清热而冬季要补寒,因而民间便有"冬进补春夏解热"的饮食习惯,使药膳在这里更易流行,药膳早已进入平常百姓家,并成为高中档菜色。北方气候四季分明,冬天室内暖和,加以土壤为微碱性土,土、水和食物多含钙,较易满足人们的健康需要,药膳只是病人需要,因而药膳不如南方流行。

西北部黄土高原土壤含钙过多,加上大风天气和干旱,使居民嗜醋,有利于消除体内的钙沉淀,可以预防各种结石病。南甜

北咸则与物产和气候有关，南方产糖，湿度大，使人体蒸腾小，因而嗜好吃糖，而不需吃过多的盐。广东人就有"煲糖水"的风俗；北方地区的相对湿度小，人体蒸腾量大，需要消耗较多盐分，故口味偏咸。

因此，这便形成了分区的饮食文化差别，我国习惯上有"南甜北咸，东辣西酸"的口味分布特征。受到气候、地理、民族文化和宗教信仰等因素的影响，实际的分区还要比此复杂。如大到南甜北咸，东辣西酸；小到四川的麻辣，山东的咸鲜，广东的清鲜，陕西的浓厚等等。总之是各有各的原料，各有各的方法，各有各的口味。这种迥然不同的饮食文化特点在烹饪理论中用一个术语来表达，就是"风味"。

地方风味的形成，与地理环境和气象物产条件的制约有着直接关系。地域的环境和气象物产直接决定着人们的饮食范围，因而也就制约了该地的饮食习惯和口味，元于钦《齐乘》指出"今天下四海九州，特山川所隔有声音之殊，土地所生有饮食之异。"晋张华《博物志》也说"食水产者，龟蛤螺蚌以为珍味，不觉其腥臊也；食陆畜者，狸兔鼠雀以为珍味，不觉其膻也。"从地方风味发展史看，情况也是如此。沿海盛产鱼虾，苏、浙、闽、粤等对水鲜海产烹制擅长。内地禽兽丰富，湘、鄂、徽、川、陕等对家禽野味利用精工，三北地区畜牧业发达，牛羊肉长期是餐桌主角。青藏高原干燥寒冷的高寒气候区，饮食离不开红茶、奶酪与肥肉厚脂；长江流域和珠江流域湿热，菜肴偏重于鲜嫩清淡。气候和地理环境的差异还影响到不同地区人们的饮食嗜好，如北方人嗜葱蒜，滇黔湘蜀嗜辛辣品，粤人嗜淡食，苏人嗜糖。除此以外，山西人喜欢吃陈醋，东北人喜欢芥末，福建人喜欢红糟，陕西人喜欢酸辣，新疆人喜欢孜然等等。总之，一方水土养一方人，地理环境和以乡土为主的气候物产就成为许多地方风味流派形成的先决条件。

在我国的一些地区，气候的季节变化还影响到人们饮食节律

的年内调整。如粤人历来讲究饮食,重吃和讲吃是岭南文化的重要表征。这种饮食风格是粤人适应当地气候环境的年变化而逐渐养就的秉性。岭南地处低纬,夏季太阳辐射强烈,南岭山脉横亘东西,冬季阻挡住北方的冷空气南下。长年地火旺炽,水质性热,空气湿闷,易令人虚火上升,暑气郁结,殊难调理。为了适应高温高湿的气候环境,粤人总结出了一套与"夏季长、冬季短"的季节变化相关的饮食调理原则:春夏驱湿,盛夏散热,秋冬进补。高温高湿的气候环境孕育出粤菜清淡,尤重"本味"的特点,粤人独特的"凉茶"饮用习惯也是高温高湿气候下的产物。此外南粤无烈酒,无辣菜。粤人则短小精悍,善于以柔制刚,多尚清静无为,重现实享乐而少玄思冥想。正如他们历代远离政治中心唯求平安一生一样。对饮食调理的格外关注,也是岭南文化注重个体生命、人文关怀和求真务实的体现。岭南湿热气候需要药膳"春夏清热秋冬进补"的年内饮食时间节律,也促使了药膳广泛进入粤菜和潮州菜。

编者注:本文比较全面地总结了我国一些主要的饮食习惯文化。但其形成原因应该说比较复杂,文中难免会有"一家之言"。

《气象知识》2004(4)

湖南人为何爱吃辣椒

戈忠恕

湖南人嗜食辣椒,名闻天下,几乎到了无辣椒而不能下饭,无辣椒而索然无味的地步。故此,凡湖南菜肴,不论是炒、烧、蒸、煎、炖,还是烹、煮、煲、焖、炸以及凉拌,处处离不开辣椒作料。而辣椒还具有单独为菜的特色。其色红如玛瑙、青如碧玉、黄如田黄、白如羊脂,其形长的、短的、圆的、扁的、牛角状、五爪形,其味有剧辣、辛辣、麻辣、香辣、苦辣、甜辣、微辣、回味辣样样俱全。

17世纪之前,中国没有关于辣椒栽培的记录。传说孔子不撤姜食,却不曾说他吃辣椒。楚辞中"椒"字出现的频率较高,《离骚》中有"杂申椒与菌桂兮"、"怀椒西胥而要之"的句子,《九歌》中也有"奠桂酒兮椒浆"的记载。据考察,所谓"申椒"、"椒浆"的这些"椒"都只是花椒,而不是辣椒。在中古以后的史籍中,也找不到辣椒的仙踪。

明末,辣椒才由南美漂洋过海,经由菲律宾辗转传入中国沿海,很快便散布全国,成为中国人不可或缺的蔬菜食品。有趣的

是，整个地球上，只有亚洲和非洲、拉丁美洲一些国家的人喜欢吃辣椒。这些吃辣椒的地区在地理上连成一片，形成一条"辣带"。这个"辣带"东起朝鲜，经我国中部、西北、西南的东部，从广西、云南向南，经缅甸、孟加拉、泰国、印尼、印度、中近东、北非至大西洋东岸。在这个"辣带"中尤以中国的湖南、贵州、四川嗜食成性。故此，有"四川人不怕辣，贵州人辣不怕，湖南人怕不辣"的民谚。总之，小小的辣椒联系着中国千家万户的餐桌，丰富着人们的饮食和文化生活。

为什么湖南人这么喜欢吃辣椒呢？原来这还与湖南的特定气候环境有关哩！

湖南位于长江之南，纬度较低，属亚热带季风温润气候。在冬季，北方寒流频频南下，造成雨雪冰霜，气候湿冷；在夏季则多为低纬度海洋暖湿气团所盘踞，温高湿重，天气闷热；春季多夜雨，夜雨不大，但天数多，占全年雨天的70%以上；秋季虽无刺骨寒气，却也有朔风袭人，而且空气维持高湿；加上特殊的地形，即东、南、西三面环山，北面为洞庭湖区，地势低平，中部为不断蒸腾的汀、资、沅、澧四水流经的河谷地带，好似一个面北开口的撮箕地形。由于以上气候和地形条件，致使湖区及河谷地区的潮湿空气不易外流，使湖南成为一个高湿区，月平均相对湿度近于90%。人们常受寒暑高湿之侵。

人们从长期的生活实践认识到辣椒属热性，主要功效是祛风除湿、发汗、健胃。所以吃辣椒可以驱寒，可以促使人体排汗，在闷热环境里增添凉爽舒适感。大家知道，人类生活感到舒适的相对湿度是30%~70%，而湖南是一个高湿区，湖南人爱吃辣椒，是为了冬天避寒保暖，夏天消暑降温，用辣椒来减轻潮湿气候对人们身体的影响，这是显而易见的了。另外，通过吃辣椒，可帮助消化，增加食欲，加强体内发热量，从而有助于防止高温、高湿期间人们常有消化液分泌减少、胃肠蠕动减弱的现象，也有助于防止凉季高湿期内人们易患风湿病、腰肌痛等病症。所

以湖南人喜欢吃辣椒，这完全是人们长期以来为适应这种特殊气候而采取的一种简便有效的手段。

同时，过去湖南由于交通不便进而造成了流通不畅，使得食盐即使到了井冈山的峥嵘岁月仍然是十分稀罕之物。而辣椒具有刺激口味和消毒的功能，恰好成了食盐的替代品。除此之外，因农家人购买力低，辣椒就更显得珍贵，成了农家最实惠、最便捷的蔬菜。湘中宝庆（今邵阳市）一带农家有"一担辣椒干接新年"之说。永江永大墟镇一带农家甚至直接用干辣椒下饭。如此食用必然消耗量极大。据有关部门调查，1999年，湖南全省辣椒种植面积达到115.78万亩，年产30.19万吨；当年又从海南等地进口反季辣椒30多万吨，两者相加，是年全省人均消耗辣椒10千克以上。

辣椒适宜于湖南本土食用，外省人入湘，一段时间以后往往也能接受湘菜辛辣的风味与口感，可谓入乡随俗。台湾哲学家张起钧先生在《烹调原理》中也谈到这一点，他原来不吃辣椒，"不要说不吃辣椒，菜里放一只辣椒，整盘菜都不敢吃了。抗战兴起，到了湖南，看到湖南人辣椒做的菜好香。尝尝吧，愈尝愈勇敢，不到半年，则可以跟湖南人一样的吃辣椒了"。

湖南人好吃辣椒不仅仅与气候条件有关，近代以来的湖南人，是益于辣的激发，体现出了辣椒一样的神采与气概。他们在中国的政治军事舞台上火辣辣的表现，可以说是震天动地，威撼世界。"不辣不革命，无湘不成军"。美国记者斯诺在他的《西行漫记》中就曾写道："毛泽东的伙食也同每个人一样，但因为是湖南人，他们有着南方人'爱辣'的癖好，他甚至用馒头夹着辣椒吃。……有一次吃晚饭的时候，我听到他发挥爱吃辣的人都是革命者的理论。他首先举出了他的本省湖南，就是因产生革命家而出名的。"

抗战时，侵华日寇三下长沙都大败而归，进而"望湘生

畏"。湖南人也自诩："日本鬼子算什么，打过黄河，打过长江，就是打不过我们湖南岳阳一条小小的新墙河。"难怪杨度要写下这样的话："若道中华国亡，除非湖南人尽死。"

所谓"一方水土养一方人"，东北人放歌纵酒，养成了豪迈粗犷之气；江浙人细腻甜食，养成温文尔雅之韵。而辣椒与湖南人共生共荣，相映生辉，养成了湖南人勇猛刚劲的气质，构成了中国人文史上的一道独特风景。

编者注："四川人不怕辣，贵州人辣不怕，湖南人怕不辣"。显然我国这三个最爱吃辣的省份中湖南人吃辣水平最高。为什么？文章没有讨论，只说湖南吃辣是为了去湿。我以为主要原因可能是因为三省中以湖南最为冬冷夏热。因为这3个省年平均相对湿度差不多，长沙并非最高：长沙80%（文中近于90%的数据有误差），成都82%，贵阳77%。但是3城市冬冷夏热程度却有明显不同，以1、7月平均气温为例，长沙、成都、贵阳分别为：4.7℃，29.3℃；5.5℃，25.6℃和4.9℃，24.4℃。显然长沙要比成都、贵阳都冬更冷，夏更热得多。在同样潮湿气候下，冬越冷越需要吃辣驱寒，夏越热越需要吃辣出汗排湿。是不是这个道理呢？

《气象知识》2006（1）

牛与气象

林之光

鼠年过去，牛年到。

牛在人们心目中是勤劳、善良的象征。一曲"但得众生皆得饱，不辞羸病卧残阳"（宋李纲《病牛》），更是把耕牛的奉献和自我牺牲精神唱到了极致。牛的吉利形象也进入了我们现代生活，例如称股市利好为"牛市"等。

除了家饲奶牛以外，我们田野劳作的家牛主要有牦牛、黄牛和水牛。其中黄牛对气候适应性较广，我国南北方都有分布。而牦牛和水牛则受气候影响，分布有明显地理局限。

牦牛是最耐寒和最怕热的家牛。我国牦牛仅分布在海拔3800～5500米的青藏高原高寒地区。这里空气含氧量只有海平面的50%～60%，因此在身体结构上牦牛胸廓很大，肺重比其他牛要大2倍以上，血液中携带氧气的血红蛋白含量也多得多。

我国牦牛集中分布区年平均气温一般在－3℃至3℃之间，冬季常常有－30℃以及以下低温。因此，为了保暖，牦牛生长了一身特殊的被毛。被毛有两种，外毛叫粗毛，长可及地，终生不换。贴皮内毛叫绒毛，它的保暖性能和山羊绒一样极好。它秋季浓密增生以过冬；春季脱落稀疏以度夏。这种牛绒在肩背等承受冷风雨雪等侵袭的突出部位的密度最大。此外，牦牛的皮也特别的厚，尤其肩背部位可达7～8毫米。皮下的竖毛肌在寒冷时收缩可以增大毛层厚度以增强保暖。因而牦牛才能"立风雪之中，

卧冰雪之上"而不觉寒。

由于保暖需要,牦牛汗腺极不发达,除了鼻嘴唇部以外,其他汗腺均不排汗,因而牦牛极不耐热。据测定,气温超过13℃,牦牛呼吸就开始加快,靠增加水分蒸发和呼出热气散热。当气温超过16℃,牦牛体温开始升高,呼吸频率可以加快1倍。当气温超过20℃时,牦牛常停留在水边或荫处,不动,不食。

牦牛是藏族牧民的主要运载工具。它形似笨拙,但却反应敏捷,可以像马一样快速行走。能接受训练,而且不易忘记。终年放牧的牦牛,一般无棚无圈,不拴不拦。放牧人和挤奶员可以呼唤其名,或用固定的吆喝声,或向它唱歌,都可以将它呼唤回营地和挤奶。

水牛则是家牛中最怕冷的,因为水牛的毛短而稀疏。古代有"水牛不过淮(河)"之说。它主要分布在淮河、秦岭以南的南方平原和低山河谷之中。因为它腿短蹄大不易下陷,特别适合水田劳作,一直是我国南方主要畜力。建国后水稻向北发展,它也有所北移。但有趣的是,水牛汗腺相对也少,因此水牛在夏天也很怕热。每逢晴日高温,常常下塘下河泡在水里,且不肯起来,因此才得名水牛。农谚说的养(水)牛,"夏天要口塘(泡水),冬天要间房(避寒)",就是因为它既怕冷又怕热。

水牛怕热,还有一个"吴牛喘月"典故呢。

"吴"指春秋时代的吴国,现今江苏南部及其附近地区。那里的夏天是很闷热的。"吴牛喘月"成语出自《世说新语》。说的是一个叫满奋的人,有一次见晋武帝,武帝赐座窗边。满奋面有难色,说,"臣犹吴牛,见月而喘"。意思是说,吴地水牛很怕热,见到月亮,以为是太阳,就喘起气来。用来比喻他怕风,一见到通风的窗户便会害怕。

在这种坐着都会出汗的"吴牛喘月"天气里,体力劳动当然更热得难受了。李白正是借此用来深刻地比喻古代拉(船)纤工人的辛苦:"吴牛喘月时,拖船一何苦"(《丁都护歌》)。

有趣的是，在云南横断山区，如有合适交通工具，我们可以在一天之中见到它们：高山区牦牛在悠闲地吃草；中山区黄牛在地里劳作；而低山区水田里到处都可以见到的就是水牛了。

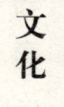

"南拳北腿"的地理原因

马骏 徐良

南方的拳术一般以拳法、手法为主，腿法为辅；北方的拳术除拳法外，注重腿法，故有"南拳北腿"之说。南拳，是主要流行于我国长江以南一代的拳术总称。其拳种和流派很多。如广东的南拳，分为洪、刘、蔡、李、莫五大家；福建的南拳分为咏春、五祖两大派；湖南的南拳分为邹、薛、沈、岳四家……各门各派，都有各自的风格和武打特点。总的说来，南拳的一般特点是：拳式刚烈，步法稳固，动作紧凑，腿法较少，身居中央，八面进退，常鼓劲而使肌肉隆起，以发声吐气而助长发力。

"北腿"，是我国北方流行较广的拳术之一。有查拳、华拳、长拳、少林、八极拳等等，其中"戳腿"被公认为"北腿"的主要代表。"手是两扇门，全靠腿打人"是"北腿"的典型特点。在套路、击技上常常是一步一腿，手领脚发，上下配套，一条腿左勾右挂，前踢后打，明圈暗点，与手紧密结合。

南拳在南方流传深远，北腿在北方流行甚广。这种格局的形成到底是什么原因呢？笔者从地理学的角度进行简析，略谈浅见。

1. 气候特征。南方由于纬度偏低，地处亚热带、热带区域，冬季平均气温在0℃以上，夏季最高气温常在30℃以上。因此，南方人发育较早。根据人体生理发育的规律，人的发育年龄偏小，即发育提前，生长发育期就短。因此南方人长得小巧玲珑，下肢较短，用腿踢人在搏击中是其所短，而手的运用对于精明玲

珑的南方人则是一种优势。此外，上肢运动时能量消耗比下肢少，产热少，适合南方天气炎热的特点，这是南方人善用上肢拳法的地理原因之一。

北方由于纬度较高，冬季平均气温多在0℃以下，因此北方人的发育年龄较迟。根据人体生长发育的基本规律，人的发育年龄偏迟，发育期就长，因此身材高大。不仅如此，北方人以杂粮、肉类为主，这就给北方人长得高大粗壮提供了物质基础。"性格豪爽，身高马大"就成了北方人的特征。腿长成为优势，手是两扇门，全靠脚打人。又因为气温低，在寒冷的冬季，人们多用产热多的下肢运动，用蹲蹦跳跃，闪展腾挪，起伏转折，跌扑滚翻等运动取暖。由于腿的转动半径大，力量足，速度快，威力大，逐渐形成"北腿"的武打特色。

2. 地形特征。南方多江河湖泊，自古以来以舟为主要交通工具，因为船上的活动范围有限，加上船的颠簸，在格斗中立足不稳，就有被击倒或掉入河中的危险，故南拳自古就有"未学功夫先扎马"之说。再由于沟渠纵横，地面区域相对较小，蹲蹦跳跃，闪展腾挪，起伏转折和跌扑滚翻易受限制，特别是船上格斗，小范围的上肢搏击更利于击败对手。

北方少河流纵横，平地面积广大，外出主要靠两腿行走，腿部力量足是北方人的基本素质。依靠下肢发力的跑、跳、蹦，即"北腿"的蹲蹦跳跃，跌扑滚翻更适合粗犷豪放的北方人。

综上所述，"南拳北腿"是由气候、地形等地理因素导致，民间传统代代沿袭逐步形成的。此外，还与各门派的故步自封和门户之见有关。所谓"一生不从二师，习南拳的不习北腿，习北腿的不习南拳"等门派清规有关。

《知识就是力量》2005（4）

观测场随想
——献给那些辛勤工作在气象战线上的观测员

高同庆

除夕的夜晚，万家灯火，鞭炮声声。当许许多多的家庭高高兴兴围着丰盛的餐桌吃着团圆的饺子，看着电视荧屏上精彩的春节晚会的时候，我却骑着自行车走在夜路上。路上行人稀少，只有漫天的飞雪陪伴着我。雪花轻轻地抚摸着我冻疼的脸庞，让我感到一丝慰藉。我要去的地方，是那千遍万遍也读不够，让我欢喜、让我牵挂的气象观测场。

气象观测场如同一位忠于职责、无私奉献的老人，年复一年默默地忍受着风霜雨雪、严寒酷暑，固守着一席寂寞、一片淡泊。她用自己的经历告诉着我做人的道理。

从她的百叶箱里，我感受到了人间的温暖，也看到了世态的炎凉；从雨量筒里，我看到了雷公的肆虐，也感到了千里送鹅毛的情意；从最低温度表上，我看到她总是拿自己的短处与人比较，却把辉煌隐藏；从蒸发皿里，我看到她失去的总是大于所得到的，但她还是忠实履行着自己的职责；从那日照计里，我看到了太阳的足迹，虽然那只是一孔之见；从风向杆上我看到世间"随风转"的圆滑；从气压表上，我知道她受多大的"气"，却默默地装在心里，只让我去读懂她。从她那里，我读懂了世间一个道理：只有经过寒冷的冬天，花红柳绿的春天才会如诗如画；有炎炎的夏日，才会有硕果累累的金秋。

是她教会了我默默耕耘，让我领悟到平凡才是人生，平凡中孕育伟大！除夕夜晚我与她相伴，共同祈祷着新的一年会风调雨顺、国泰民安！

编者注：观测员是平凡的，又是伟大的。观测记录是一切气象工作的基础。歌颂观测员是气象文学永恒主题之一。

"从雨量筒里，……感到了千里送鹅毛的情意"里，鹅毛显然指的是雪花。而且雪花其实真是千里之外的暖气流送来的（其中水汽发生凝结）。只是作者没有具体说出来罢了。但是，"从蒸发皿里，我看到她失去的总是多于得到的"，我认为，如果改为"她总是默默地消耗（奉献）自己"一类话，可能更加符合实际。因为蒸发皿就是用蒸发消失的水层深度来衡量蒸发量的。如果有雨，雨量要从观测到的水量中除去。

《气象知识》2000（1）

为什么能分而治之"称"空气

王奉安

在我国,一提起曹冲称象的故事可以说是家喻户晓,妇孺皆知。故事是说1700多年以前,吴国的孙权为了讨好魏王曹操,派人送来一头大象。曹操很高兴,带着7岁的儿子曹冲和文武官员去看大象。曹操问身旁的文武官员:"这头大象有多重?谁有办法把它称一称?"大家面面相觑,谁也想不出一个称大象的好办法。这时,小曹冲从人群中跑出来说:"我有办法。"曹操忙问:"什么办法?"曹冲说:"先把大象赶到一条大船上,看水升到船的什么地方,做一个记号;然后把象牵走,再在船里装上石头,等船沉到做记号的地方为止;最后,把这些石头搬下船来,称一称每块石头有多重,再把这些石头的重量加在一起,就是大象的重量了。"曹操听后,喜出望外,立刻命令人照曹冲的办法做,果然称出了大象的重量。

空气是有质量的,可是空气的总质量是多少呢?曹冲称象这个故事使我们受到了启示,对空气也可以分割求质量,然后再求出总和,不就是空气的总质量了吗!我们假设大气是静止不动的,这样就可以把大气分割成许许多多个垂直于地面的空气柱,让每个空气柱的底面积为1平方厘米。这样的气柱又细又长,一直伸到大气层的上界,它看上去很像孙悟空大闹龙宫的镇海神针。我们只要在这根"神针"即大气

柱的底部安放一个特殊的秤就能测出整个空气柱的质量了。这个秤是什么样的呢？原来，这个秤就是气压表。气压表上所得到的气压数值正好等于 1 平方厘米面积上所承受的大气柱的质量。在海平面高度上，这个质量约为 1.033 千克。地球表面积为 5.1 亿平方千米，那么我们只要把这两个数相乘，就能得出整个大气层的质量——5250 万亿吨！这个数字够惊人的了吧！看，这个无边、无棱、看不见、摸不着的庞然大物——大气层的质量，就这样用分而治之的办法巧妙地称出来了。如果要用同样质量的铁来代替大气，那么，地球表面就要披上一层 1.3 米厚的铁甲了，真是不可思议。

根据计算出的结果可知，地面上每平方米面积上大约要承受 10 吨重的大气压力。我们人类生活在大气的最底层，一个中等身材的人，其表面积约为 1.5 平方米，他要承受 15 吨的大气压力！这个数字会吓你一跳吧？既然一个人受到 15 吨的大气压力，我们为啥感觉不到呢？其实道理很简单，因为人体内也有空气，也受到同样的大气压力，并且这个压力和外面的大气压力一样大。进入肺腔、肠、胃、中耳、鼻腔等处的大气压力和外部的大气压力保持平衡了。所以，人体能适应这样大的大气压力。

为了说明这个问题，我们不妨做个小实验：你用一个手指头戳一张普通的纸，结果不用吹灰之力就能把纸戳个洞；然后你用左手和右手的两个手指头，从纸的两边对着戳纸，就是用尽了吃奶的力气也不能把纸戳出洞来。这个小实验可以帮助说明人体内外大气压力相平衡的道理。一切陆地上的动物，也都有用来平衡大气压力的内压力，正因为这样才得以生存。人的呼吸也与大气压力有关，人们常说，把空气"吸"到肺里，这种说法并不十分准确。肺是悬在胸腔中的大薄膜囊，肺的下面有块横隔膜，横隔膜往下压，肋骨抬起来，胸腔的容量增大，使肺外的大气压力比肺内的大，所以，空气就从体外压入肺内，这就是吸气。横隔

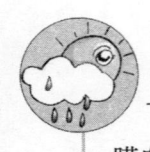

膜向上运动，胸腔缩小，就把空气压出了肺部，这就是呼气。这正是：巧引曹冲称象例，分而治之"求"大气，两指对戳纸不破，内外平衡人适宜。

编者注：学"曹冲称象"称大气，是一种巧意。但也应指出这样计算是不严格的，因为地球大气层是有厚度的。例如，地球大气层厚度如按 100 千米计算，大气层底球面积将至少要比顶球面积小 3% 以上，因此按底球面积计算出的大气重量自然也是偏小的。

第二个问题是，关于巨大的大气压力压在人身上能适应的问题。一般都知道，只要我们身体四周压力相等，不论在空气中或水中，人体都自然能达到平衡，并活动自如。所以，我认为，并不是因为大气进入了人体"肺腔，肠胃，中耳，鼻腔"等处才达到内外平衡，故能承受巨大压力。否则，两手、两腿和大脑里并未"进气"，怎么也能平衡内外压力了呢？因此，实际上我们并不是靠体内进气才达到压力平衡适应大气压的。而是人类整个身体本身就具有更强大得多的适应能力（只要四周压力均匀），例如据中央电视台报道，现在人类最深已能深潜水下 190 米，即只要有氧气，在 190 大气压下也能生存和活动。

但是，人类却不能适应身体周围（甚至局部）气压的较大不平衡，轻则活动受限。例如本书"刚果飞机故障，百余乘客被抛出舱外"文中提到的上厕所女孩卢苏，由于抽水马桶漏气被吸在了马桶上（因为马桶内气压极低）。时间长了，面积大了，还会像宇宙中未穿宇航服的宇航员一样，血液汽化沸腾等而死（文中另一被吸在灌溉出水管上女孩获救前就已死亡）。

《气象知识》2002（1）

气象学与风景审美

叶岱夫

欣赏自然风景美，我国有着悠久的历史。我们有《诗经》、《楚辞》，有山水画、田园诗、禅诗禅画等。两千多年前孔子就说出"仁者爱山，智者乐水"，唐诗宋词中关于自然风光的描述更是美不胜收。然而，时至今日，许多游客看风景还停留在唐诗宋词的水平上，大多数观光者欣赏自然风景时所运用的知识背景还局限于文学、历史、美学、艺术的范围内。特别是缺乏以气象学和气候学为背景知识的草率理解观赏会给游客留下诸多的遗憾，如此的审美效果往往不能尽如人意，更缺乏审美的科学基础。结果造成游客在风景和景物面前，停留在浅薄审美的心理层次上，身临其境而不得其解，当面错过，非常可惜。需要指出，从气象学的角度欣赏风景可以帮助我们"爱山、乐水"的美学情怀从文学、艺术、历史的范畴升华到自然科学的层面上。

大气圈在地球圈层中的独特地位

事实上，绝大部分自然风景和山水景观都存在于地表的岩石圈、水圈、生物圈、大气圈等四大圈层内，而大气圈又时刻渗透在其他三个圈层之中。大气圈的这种非独立性存在和依附于其他地球圈层的存在，为风景的科学审美奠定了极好的方法论基础。也就是说，我们可以从基于研究岩石圈、水圈和生物圈的地质

学、地貌学、水文学、生物地理学、生态学等学科的理论作为出发点去鉴赏风景之美，然后再以研究大气圈的气象学、气候学和天气学等大气科学的理论作为风景鉴赏的落脚点和归宿。通过大气圈中的风景美学揭示，将四大圈层的山水审美统一起来，将从别的学科的角度欣赏风景与从气象学的角度欣赏风景两者结合起来。这正是地理学和大气科学所共同研究的自然美学范畴。

在气象学视角下统一各学科的审美进程

当我们看自然风景时，完全可以借助地理学知识的铺垫来获得美感，然后再借助气象学知识强化和增加美感。看自然风景，无法回避对景物的科学理解。因为美感的产生是一个"紧张—松弛"的心理活动过程：当所看景象不能纳入以往的经验范围时，会产生一种紧张、不妥帖和惊讶的感受；只有将眼前的景象理解吃透了，与过去的经验联系起来，才能获得松弛。这种紧张—松弛的过程，使人感到了愉悦，获得了初步的美感。比如看石林风景，人们见到大地上崛起一片石头的"森林"，视觉顿感紧张，得不到解释，便陷入困惑。若不具备地理学知识，就只能局限于石头的形态上去欣赏景物，比如说用神话或传说来获得松弛，产生美感，诸如夫妻岩、神仙石、笔架峰等此类。但这毕竟是低层次的初步美感。如果我们从地理学的角度，从石林作为喀斯特地貌的一种特殊形态来了解石林的发育、演化，并借助地质学、水文学、地貌学的理论和实践，我们就会理解石林形成今天千姿百态景象的自然成因，这样一来，对石林的欣赏就进入了科学美的层次。然而，至此喀斯特地貌的风景审美过程仅仅是展开而已，还远没有结束。这个时候，我们再借助气象学、气候学与上述地貌、地质、水文的相互作用的事实，进一步揭示出高温多雨气候对地形的风化剥蚀作用，从而形成了大地上的雕塑群。过去地质历史时期的风雨、太阳辐射、温度变化等气象气候的力量即是这一伟大雕塑群的"雕塑家"。于是，审美进程从岩石圈出发，进入大气圈，再以天气现象（外雕塑力）为落脚点和最后归宿，这就完成了一个整体的风景鉴赏过程。同样道理，从审美的多样性意义看，我们也可以从地貌学、地形学出发，联系到热带低纬度地区的对流层雷雨和暴雨天气现象，再以风力和水力侵蚀的外力作用为落脚点，从更高的科学意义上再完成一个风景鉴赏的全过程。这样一来，使游客早先的惊讶不已的心理得到最大限度的放松，观赏质量和旅游效果也会得到提升。

气象学与风景审美的时空拓展

从气象学的角度观赏风景，就是要观赏风景的深度科学美。例如，当船过长江三峡，站在船头甲板上，我们除了能想起"朝辞白帝彩云间，千里江陵一日还。两岸猿声啼不住，轻舟已过万重山"，还能透过两岸岩壁的浪痕，感受到千仞的峡谷是由河流在地质时期切割而成以外，还有什么更深的景观美呢？如果进一步发挥想象力的话，就会想到长江中下游千里平原、万里沃野，都是因河流的"侵蚀—搬运—堆积"过程而形成的，河流的力量来自天气现象，地表径流来自降水，水圈与大气圈密不可分。河流的力量就是大气降水的力量，大气降水的力量就是大气环流的力量，大气环流的力量就是太阳辐射的力量，太阳辐射来自太阳系，太阳系来自银河系，银河系来自河外星系，河外星系来自无限宇宙……此时此刻，我们就会通过气象学获得一种更为宏大的空间之美。这是一种向时间空间深处凝视而获得的深沉之美。这种美唐诗宋词中没有，文学、历史、美学、艺术的范围内也没有。当我们通过气象学拓宽了科学审美的视野的时候，我们仿佛置身于宇宙中，而感到自身的渺小和大自然的无限。也只有在这个时候，我们才真正找到了从气象学的角度观赏风景的归宿和情趣。

此外，时间是形成气象美的重要因素。一块沉积岩石头中包含着地质时期多少岁月的天气现象信息，透过石头我们看到了古气候的变化和古天气的痕迹。出土的破石器、一幢老房子之所以比一个精致的水晶杯和一幢新别墅美，是因为前者凝聚了时间，时间的流逝以及那逝去了的天气现象岁月赋予了前者的美。正是地质学、古气候学、古生物学、历史地理学等学科，帮助我们重读地球或人类社会的历史，帮助我们认识自然景观形成中天气时间过程的伟大作用，让我们发现眼前的景物具有令人惊叹的"时间之美"和气象学之美吧！

风景气象科学美的内涵

从气象学的角度欣赏风景就是从整体的科学角度欣赏风景。从整体的科学角度欣赏风景必然离不开从气象学的角度欣赏风景。山水风景的大气科学局部美中同时包含并显示了地质学、地貌学、水文学、生物学、生态学等众多自然科学的整体美，反之亦然。从本质上说，风景气象科学美是一种"一中有多，多中有一"的整体美；是一种人地全息统一的协调美；是一种集多样美于一身的简洁美。山水风景中的气象科学美是其他学科审美观的结晶，最后与其他的学科审美风格殊途同归，收到相得益彰的科学美之效果。

编者注：本文有新意，值得一读。我认为本文的主要功绩，在于指出了欣赏自然山水风景美中，不能缺了科学角度，特别是气象科学角度，缺了就是不全面的不深刻的，我很赞成。因为我始终认为自然界在文学家和科学家眼中就是不一样的。但是我也不赞成把科学角度"无限提高"、"任意扩大"。例如欣赏长江三峡，不必要无限到"无限宇宙"，这样审美是不是有点太累了？

实际上，自然界有多方面的美，人审美也有不同角度和不同层次。不能说缺了科学角度或其他某个角度、某个层次就不会审

美了。谁敢说李白、杜甫他们不懂得欣赏自然山水美呢？

　　其实，气象科学本身也有许多美可审，例如云海云瀑，彩虹晕华，峨眉宝光，海市蜃楼……这些光学美景不一定都和其他地理条件有直接联系。那么它们如何"统一各学科的审美过程"和"审美的时空拓展"呢？可见审美也是要从实际出发的，不妨各审各的美。洞察科学原理固然很好，但不必统一框架。当然，这是我的个人观点，不一定对。

　　　　　　　　　　《气象知识》2008（4）

中国科普文选（第二辑）

努力把气象学和文学、哲学相结合

林之光

气象新事

本文原是应《亲历美好岁月》文集编委会之邀写的。原题叫"三写《气象万千》"，主要写我科普著作《气象万千》四个版本的过程。实际上它记载了我从单纯研究气象学到努力把气象学与社会科学中的文学、哲学相结合的过程和初步收获。鉴于气象学和文学、哲学相结合研究的文章极少，是以不揣冒昧，压缩后收入本书，滥竽充数。

不过，我所以写它，主要不是它版次多，而是因为它贯穿了我科普创作的全过程，见证了我对气象学的许多主要研究和思考成果，以及创作思想方法发展提高的全过程。而且，由于气象学研究的是与我们密切相关的大气，书中举的例子又多是我与众不同的许多新鲜观点，因此觉得写出来可能还有点意思。

一写：发现事实，寻找联系

我体会，科普创作其实和科研一样，都贵在创新。而创新的第一步，都是发现新的事实。但是，发现事实还不够，需要找到它和其他事物的联系，或者说找出它的原因。这样，对新事物的认识才比较深刻。

下面举的例子，是关于如何正确认识我们国家气候的缺点，

因为我国的气候跟世界同纬度地区相比，冬冷而夏热，气候变化比较极端。这是个不能回避的重大事实。

那是我参加科研工作以后不久，从文献资料中看到，20世纪四五十年代国外的地理决定论者主观武断地说，中国由于气候不好（指冬冷夏热，变化比较极端），在国力上最多只能成为二等强国。这个论断深深刺伤了我的民族自尊心，也一直把它当做"国耻"。

然而，我查遍所能找到的专著、论文，却没能找到从气象科学的角度对这种论点的批评。也许因为他们根据的是事实。

最初的突破是我发表在1963年1月19日《人民日报》副刊版的千字文，题目叫《我国的严冬》，讲了严冬缺点之后指出严冬也有有利一面。后来又有20世纪70年代中期发表在《气象》和《地理知识》的另两篇文章。

这三篇文章从四个方面总结了我国冬冷夏热气候的优点。第一，冬冷本身也有好处；第二，夏热使我国水稻、棉花、玉米等喜热高产粮棉作物分布界限之北，世界数一数二；第三，我国雨季在夏，雨热同季，因此夏季中丰富的光照、热量和水分都能得到充分利用，是一种优越的气候资源；第四，我国南方成了世界同纬度回归沙漠带上的"大绿洲"。这就从理论上批驳了地理决定论者孤立、静止、片面和表面地看问题的形而上学思想方法。指出了他们"虽然根据的是事实，但得出的却是错误的结论"的哲学原因，理直气壮地颂扬了我国大陆性季风气候也有巨大的优越性。

二写：豁然开朗，研究文化

第三版本是国家新闻出版署组织的《中国科普佳作精选》丛书之一。其中最有意义的，便是新写了"中国气候与中国文化"这一章。这个问题过去没有人写过。

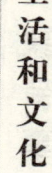

其实，在90年代中期以前，我自己也想不到会写这一章。因为气象学是自然科学，文化是社会科学，两者"风马牛不相及"，能有什么关系？

契机记得是从研究气候与人体健康开始的。因为我在研究了气象条件对我国的自然景观、农业生产、经济建设等物质条件的影响以后，接触到了"春捂秋冻"这条谚语。

实际上，研究春捂秋冻的收获主要不在研究本身（我后来甚至还写了"春捂秋冻提法不科学"的批评文章），而是突然认识和顿悟到了我国冬冷夏热气候，不仅对我国的物质世界，而且对人体健康，以致对我国社会的风俗习惯，民族文化等人文领域都有重大影响。这是一个质的飞跃。

实际上，正是冬冷夏热气候，诞生了我国世界上特殊的二十四节气文化，中医养生文化，诗词文化，园林文化，以至中国迷信文化等。下面举出三例。

二十四节气文化

正如前面所说，我国气候冬冷夏热，春秋短促且气温变化急剧，使我国成为夏季热量丰富而农作物安全生长期却反短的特殊气象条件，因为春秋季农作物常受到冻害。例如，春季播种过早，幼苗会受到春霜冻害；播种过迟，作物成熟期会受到秋霜冻害。正如农谚所说，"春争日，夏争时"，农民年年像打仗一样按二十四节气种地。否则，"人误地一时，地误人一年"。也就是说，如果不顺天时，连收成都会成问题。而正是由于二十四节气，保证了我们祖先吃饱了肚子，因而才有火药、指南针等"四大发明"。而"四大发明"又极大地促进了世界文明的发展。

当然，二十四节气毕竟主要是历史功绩，但至今仍然家喻户晓，因为它和季节、物候，人们生活以及农事密切相关。而且它和二十四节气在历史上衍生出来的、和人们生活密切联系的杂节气（如九九，三伏等），以及许多民俗节日（如春节，清明，端午，中秋，重阳等），它们共同组成的独特的中华岁时节令文

化，在几千年历史长河中还不断得到丰富和发展，并且正在走向世界。2003 年，国家邮政局专门发行了一套 12 张《二十四节气特种邮资》明信片。我还受邀为明信片撰写了文字说明。

中国古诗词文化

古诗词是我国灿烂传统文化中一颗艳丽夺目的明珠。而我国冬冷夏热的特殊气候对诗词文化影响当然也十分深刻，因为李白、杜甫他们同样也生活在中国气候之中。冬冷夏热、四季鲜明的特殊气候必然会影响到他们的创作环境和灵感，他们也必然会用四季气象景物来抒情、喻志、讽刺时弊，以泄愤、发牢骚等，因此特殊气候影响下的中国诗词文化在世界文化之林中的特殊性便是不言而喻的了。具体的著名古诗词我们都不必举，只需举出大家熟悉的雷锋 20 世纪 60 年代的座右铭就可以明白："对同志像春天般的温暖，对工作像夏天一样火热，对个人主义要像秋风扫落叶一样，对敌人要像严冬一样残酷无情"。请问，如果雷锋不是生活在四季鲜明的中国，他会写出这样的四季座右铭吗？

中医和养生文化

如果说，二十四节气解决了古人的吃饭问题，那么中医和中医养生则保证了古人的健康问题。其实，中医才是最能体现我国传统文化的典型。例如，中医同样遵循天人合一的自然观。把人和大自然看成一个整体。因此大自然，特别是四季（时）的变化，最能深刻影响人体的生理和病理。例如《黄帝内经》中多次说到，"人以四时之气生，四时之法成"，"人与天地相应，与四时相副"，"故阴阳四时者，万物之终始（根本）也，死生之本也。逆之则灾害生，从之则苛疾不起"。南京中医学院干祖望老教授更是坦言："欲知《灵枢》、《素问》（即《内经》）之精华，半在气象"。

为什么？

因为我国冬冷夏热的气候，对人体的刺激和影响也有特别鲜明的季节变化。例如中医特别重要的脉诊：春是弦脉，夏是钩脉，秋是浮脉，冬是营脉，四季不同。如果脉顺季节，病好治，

否则则难治或不治。再如用药，李时珍《本草纲目》中专门有一篇"四时用药例"，说明他用药讲究季节。此外，针灸的取穴和针刺深度等等，也都要因时制宜。还有，中医的病因理论，认为有外因和内因两类。外因称为"六淫"，即风、寒、热、火、湿、燥。它们基本都是气象问题。而且因我国季节和天气变化特别急剧因而更易使人致病。所以，我才在1999年世界气象日即3月23日《人民日报》科技版上发表文章《中国气候诞生了中医学》，即，中医是中国特殊气候给"逼"出来的。

既然我国气候如此特殊、变化如此急剧，因此《内经》中"顺四时而适寒暑"，便是中医养生的原则了。但是，现今人们常常过用空调和暖气，即逆四时而过图舒适，使人成了"温室里的花朵"。这样，"灾害生"便是不可避免的了。

三写：深入发掘，哲理智慧

第四个版本是又9年之后出版的。这版的进步主要是开始自觉发掘科学内容中的哲理。因为自己认识到，只有提高到了哲理，文章才能既更加深刻又更有趣味。

其实，前面几个版本中也并非完全没有。例如第一章"冬冷夏热气候好"就是。冬冷夏热气候令人难受，这种气候肯定不好，为什么还说它好？例如，正是造成我国冬冷夏热气候的季风同时也带来了大量夏雨，使我国广大的南方成为了世界上回归沙漠带上的大绿洲。否则，我国南方就要成为和同纬度撒哈拉、阿拉伯、澳大利亚等一样的回归沙漠带上的大沙漠了。

下面再举第四版中的3个新例子。

第一个是沙尘暴和荒漠化。它们严重危害我国土地、粮食和生态安全，罪大恶极。可是它们并非只有危害，只是因为过去没有人出来为它们说公道话罢了。我是第一个为它们"翻案"的。因为我经过研究，系统总结出它们的许多"功劳"：沙尘暴粒子

上天，可以反射阳光热量，减缓全球变暖（包括沙尘在内的大气粒子共减缓 20%）；沙尘粒子在低空和地面，可以中和酸雨。我国北方过去没有酸雨，今即有也比南方轻得多。沙尘暴气流继续东去，甚至可以减轻以至消失韩国和日本的酸雨；沙尘暴气流在我国北方堆积起了厚达百米以上的黄土高原，我国约 5000 万人几千年来世代居住在冬暖夏凉的黄土窑洞里；最细最轻的沙尘粒子再向东降落在深海，其中铁、磷等元素可以使藻类大量繁殖，吸收大气中二氧化碳，减缓全球变暖……这篇长文发表在中国科学院机关刊物《科学新闻》2001 年第 27 期（7 月 18 日）。但直到 2007 年仍有新疆某单位作为新发现，媒体加以报道。

荒漠化，过去也没人说它好话。但我查了它"祖宗三代"，发现地球上的大范围沙漠、荒漠、沙尘暴的总根源是大气环流中的全球两条副热带高压带。因为高压带中气流下沉，云雨消散，凡大陆都成为沙漠。地球上的回归沙漠带（南北回归线附近纬度）就是它造成的，而副热带高压带是全球大气环流系统中一个重要组成部分，是大气环流有生以来就有的，也就是说人类无法加以消灭的。

进而，再仔细研究，发现它也不是坏事做尽的。例如，这种严酷的自然条件，却诞生了与之相适应的特殊动植物，丰富了地球上的动植物和生态种类（其中有的有很大的经济价值，例如沙棘已经发展成了大规模的沙产业）。而干旱生态，和其他生态一样，地球上"一个也不能少"。

第二说台风。台风是我国夏季的主要灾害性天气。但我也给它总结了几大功劳，而且其水平堪称资源。例如，第一，台风风灾主要在滨海，它进到内陆不但风不成灾，反而是它带来的大范围降雨，成为我国南方伏旱时期翘首以待的雨水资源。台风少的年份，那里还常常闹旱灾哩！第二，台风降雨同时也立刻缓解了南方大范围的伏旱高温之苦，成为那里夏季的凉爽资源。第三，有趣的是，我国广东省水利厅 1995 年还曾根据准确天气预报，下令在 5 号台风来到

之前,有关地区大中水库放水发电,然后再让台风雨把水库灌满。结果果然多发电800多万度。台风又成了水电资源。第四,台风最不为人了解的一种资源是,它向高纬度地区输送了热带海区巨大的热量和水汽,它和冬季南下的冷空气一起调和了地球上赤道和极地间的热量和水分平衡。使热带不致太热,极地不致太寒,大部分适宜人类居住。你说台风的功劳大不大呢?

由于台风一生充满了矛盾,因此这版《气象万千》中我专门设了一节《台风矛盾论》。

最后说说全球关心的全球变暖问题。这个问题看起来和哲学无关,其实不用哲学真还说不清楚。

试问,为什么人类发展工业,制造汽车,使人类居住的每个城市村镇都成了热岛,而全球变暖却主要不是因这些热岛而引起?

原来,城市热岛对大气的直接加热量太小。但是人类向大气释放的二氧化碳等温室气体,由于它能起到吸收地面向太空散发的辐射热量,并部分返还地面,即起到和玻璃温室类似的保温作用,因而才造成全球变暖。瞧,原来是人类排放温室气体这个外因,由于通过了地球大气中辐射平衡和热量平衡这个内因,因而起到了"四两拨千斤"的巨大作用。而人类直接发热这个外因,因为并没有通过地球大气这个内因,自然就四两只顶四两了。

体会:科普创作必须创新和发展

如果要问本书的四次修订有什么重要变化、进展的话,那就是从纯气象学(自然科学)的研究,扩展到文学和哲学,也就是进展到了自然科学和社会科学交叉的领域。而交叉科学领域的生命力是最强的。气象学与文学、哲学的结合(我虽然结合得很初步),我认为是一种创新,一种发展,是符合科学发展观的。

中国科普文选（第二辑）

气象新事

评论和争鸣

PINGLUN HE ZHENGMING

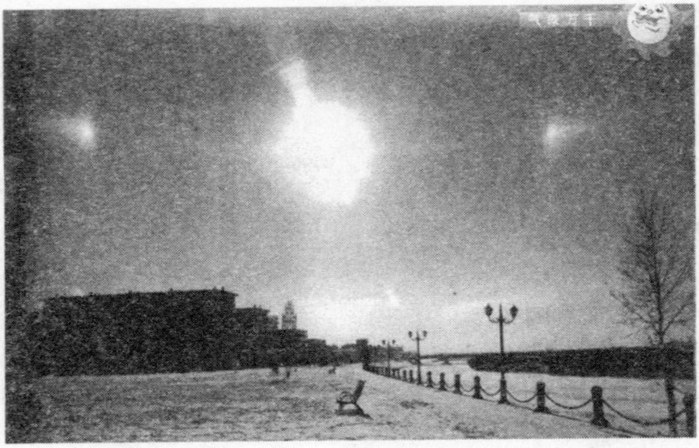
气象万千

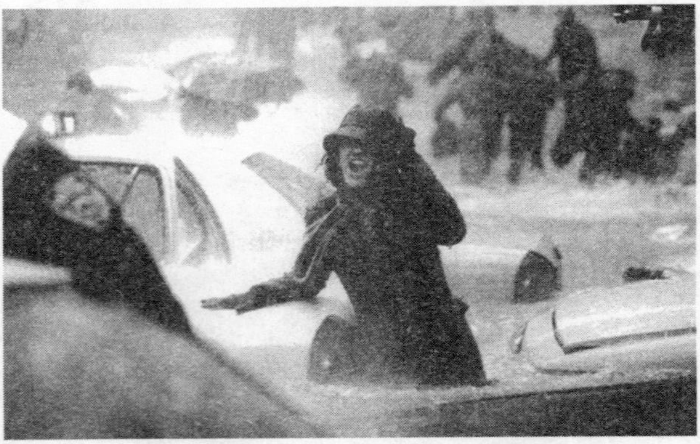

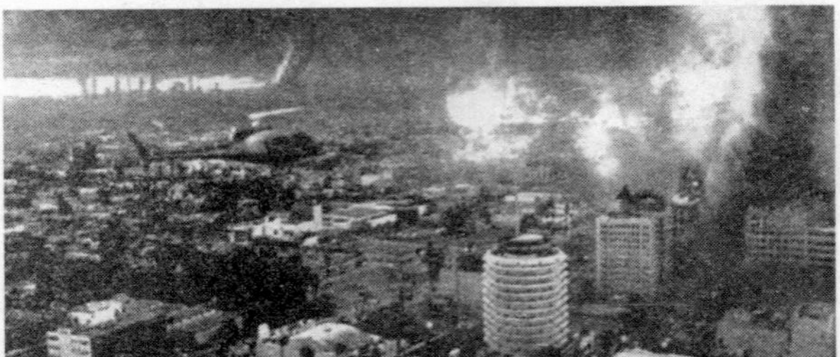

试评《难以忽视的真相》

林之光

《难以忽视的真相》是部奇书。这部书讲的是科学技术问题，可是这个问题却令政治家都关心，甚至可以让世界各国元首和政府首脑都坐到一起开会来讨论它；这部书讲的是科学技术问题，可是却是由非科学家（美国前副总统戈尔）来写的，几乎人人都可读懂。

它虽称书，但却没有章节，没有目录，主要内容是图片；它内容很杂，科学技术、政治、经济、社会、家庭、事业，可说无所不包，但却有机联系在一起。

这虽是一部科学技术书，但却列入了美国《纽约时报》和亚马孙图书排行榜上的畅销书；据本书改编的纪录片也已成为全球热卖影片，并已获得第79届奥斯卡最佳纪录片奖。这标志着通过本书已经使全球变暖问题终于成为至少西方社会的一个热门话题。

2007年10月12日，诺贝尔委员会宣布，把2007年诺贝尔和平奖授予戈尔和联合国政府间气候变化专业委员会，以表彰他们"努力确立和传播有关人类导致气候变化的认识，以及为控制这种变化所需的措施奠定基础。"

全球变暖证据触目惊心

本书大体分为四部分。第一部分是全球变暖的事实和物理学原因;第二部分可称为造成全球变暖危机的社会原因;第三部分是对全球变暖的怀疑论者和美国政府的批评和揭露;第四部分是措施、希望和行动,指出了人人都可为化解这个危机所做的具体行动。

第一部分是本书的重点。

书中指出,全球变暖最直接的后果是高山冰雪和高纬极冰的融化,以及夏季热浪的增加。例如著名的赤道非洲乞力马扎罗雪山可能将在2010年前消失;南极冰架〔如拉森B,面积(241×48)平方千米〕等正不断崩塌入海;北极将迎来夏季无冰的时代。而极冰的消失将降低地面对阳光热量的反射率,因而大大加速全球变暖。由于不断融冰的结果,海平面不断上升,已经使太平洋许多群岛低地国家(例如图瓦卢)许多居民被迫离开自己的家园。本书中还进一步揭示了世界许多地区将发生的严重海侵局面。例如我国镇江、扬州以东地区将成为汪洋大海。所以戈尔引用英国政府首席顾问大卫金的话说:"世界地图要重新绘制了。"

全球变暖的直接影响,打破了全球不同物种间的生态关系的平衡,使许多动植物的病虫害增加和蔓延(包括人类的热带病向高山、高纬度地区蔓延);使地球上物种灭绝的速度比原来正常速率高出了1000倍。还值得提到的是,全球变暖将使高纬度永冻土融化,其中700亿吨碳的释放将更加速全球变暖的进程。

全球变暖使热带海洋升温的结果,使海洋上大规模风暴强度和持续时间都增加了50%,南大西洋开始出现飓风。此外,全球变暖使许多地区旱涝灾害增加;使非洲沙漠化加剧,世界第六大湖乍得湖在40年内消失……由于各种自然灾害的频发,在过

去30年内全球保险公司向受害者支付的赔偿，已经比以往增加了15倍之多。

全球变暖危机的社会原因

戈尔称，人类文明正与地球之间发生剧烈撞击，两者间的根本关系被以下三个关键因素所彻底改变。本文作者把它的内容简称为"全球变暖危机的社会原因"。

第一是人口爆炸。全球人口在公元元年大约是2.5亿，1776年美国建国时达10亿，但到1945年"二战"结束增加到23亿，到2006年已达65亿。预计在2050年达到91亿。人口数量的急剧上升导致了对食物、水、能源，还有其他资源的巨大需求，从而造成了对自然环境的巨大破坏。

第二是科技革命。戈尔提出，旧习惯加旧技术等于可预见性后果，而旧习惯加新技术则等于不可预见性后果（非常可怕）。因为"人类所创造的新技术，加上庞大的人口数量，使我们人类成为一种巨大的力量"，但"……新技术只是给了我们新的力量，却没有给我们新的智慧和思路来正确使用这些力量"。

第三是人们对待全球变暖这个危机的思维方式。他讲了一个青蛙的故事：一只青蛙跳进了沸水中，它马上跳了出来，因为它意识到了危险；但是如果它跳进了冷水中，水温慢慢地升高到沸点，它只会呆在水里，一直到它被救出来（过去讲是"被煮熟"）。而全球变暖也是慢慢升温的，全球变暖之所以特别危险，原因之一也正在这里。

尖锐批评和揭露美国布什政府

尽管全球变暖已是既成事实；尽管全球变暖的物理原理已经明确，全世界绝大多数科学家也已经迅速达成共识。但是世界上

却仍然有"许多人"表示怀疑。为什么？

戈尔说，有位科学家在《科学》杂志上发表文章，她全选了最近 10 年在学术杂志上发表的 928 篇有关全球变暖的文章，发现其中没有一篇是持怀疑态度的；而发表在过去 14 年大众报刊中关于全球变暖的 634 篇文章中，竟然有 53% 的文章是属于怀疑论的。这又是为什么？

戈尔揭露说，这种误导来自一个规模不大但资金充裕的组织。它的资金是由埃克森、美孚以及其他石油、煤炭公司资助的！他们的目标是"把全球变暖这个问题重新定位是个理论，而不是事实"。

但是戈尔指出，"关于全球变暖的错误信息的主要来源是布什、切尼领导的美国政府"，因为"他们任命了一批由石油公司推荐的怀疑论者，让他们担任一些关键部门的职位，……其目的是，使全球变暖这个议题不能在世界范围内达成一致"；"2001 年初布什雇了一个叫菲利普·库克的律师（也是说客）来负责白宫的环境政策。……他是石油、煤炭公司的代表，主要负责在全球变暖这个问题上把美国人民搞糊涂。……虽然说库克在科学上没有经过任何培训，但他却被布什总统赋予权力来编辑和审查由美国环保署及联邦政府其他部门发布的全球变暖的官方评论"。只是因为有一次被属下泄密给了《纽约时报》，"使白宫颜面扫地"，才不得不辞职跑回埃克森美孚石油公司工作去了。

戈尔指出，2004 年 6 月 21 日，48 位诺贝尔奖获得者联名批评布什及其领导的政府歪曲科学。

此外，戈尔还揭露了美国是世界上温室气体排放量最大（占全球 1/4，但人口仅占 1/20）的国家；揭露世界上没有签订减排协议《京都议定书》的发达国家只有美国和澳大利亚（注：现在只有美国），等等。

此外，这一部分中戈尔还指出了关于全球变暖认识的 10 个误区，以及"金条（财富和经济成就）和地球（自然环境）不

可兼得的错误观点",指出全球变暖危机也诞生了巨大商机,产生了新的就业机会和利润。戈尔说,中文里"危机"一词有两个意思,一个是危险,另一个就是机遇。

最后应该提到戈尔把如何对待全球变暖的态度问题提高到了道德的高度。这"不是一个政治话题,而是道德话题";"这场危机与政治无关,而是对道德的一次叩问,对灵魂的考验";"想象一下子孙质问我们:'你们那时在想什么?难道不关心我们的未来吗?你们当时一定是太过自私,不愿意停止破坏环境?'"

请想想,美国政府为了一己私利(布什的说法是"减排会影响美国经济发展"),置世界环境和子孙前途于不顾,不肯签订戈尔代表美国政府促成的《京都议定书》,这难道仅仅是个认识问题?

书的设计很美很艺术

本书主要篇幅是照片,其次是图表,文字只是一小部分。本书以大幅照片和图表的方式,以历史对比的方法,揭露全球变暖对自然环境的巨大破坏,既十分直观鲜明,又令人触目惊心。

本书虽没有目录章节,但结构分明。全书主要分 8 个部分,每部分以一篇文章引导。文章标题和内容五花八门,但多数和书的主题有关。例如在"我的姐姐"这部分里,通过对他十分爱戴的姐姐的肺癌之死,揭露了美国烟草商们的宣传误导手法。例如书中给出一幅宣传海报,其大标题是"医生都选择骆驼牌香烟"。戈尔通过这件事指出,全球变暖之于石油、煤炭商,与吸烟致癌之于烟草商,情况是一样的。在 40 年前,烟草商也是通过这种手段,使群众对吸烟的危害"从事实变成怀疑"。

本书的封面也值得一说。封面照片是由两张照片组成的:三个工业烟囱冒出的滚滚白烟,形成了一个完整的台风云系,台风

眼清晰可见。它巧妙地说明了人类大量排放温室气体，会形成和加强台风强度，而台风，代表了世界上最强大、最严重的灾害性天气。

还有书名。《An inconvenient truth》，如果直译，可以是《一个麻烦的事实（或真相）》。但译成《难以忽视的真相》，就醒目多了。这和他1992年出版的《平衡中的地球》被中译成《濒临失衡的地球》有类似之妙。

好书并非没有缺点

我国谚语说，"人非圣贤，孰能无过"？其实，书也如此。作者试从鸡蛋里挑骨头，提出三点议论。不当之处，请编者、读者批评指正。

1. 戈尔指出，地球大气容量极其巨大，大到即使60亿现代人类发出的巨额热量（使城市都成为热岛），对全球变暖的贡献仍可以"忽略不计"。但是为什么人类排出的微量温室气体却又会使全球变暖？两者的关系戈尔没有说清楚。本文作者补充，这主要是人类排放的温室气体这个外因，通过了地球大气系统（辐射和热量平衡）这个内因，因而大大放大了效应的结果。这在中国话中叫做"四两拨千斤"。人类直接发热正因为没有通过这个内因，所以其影响便可以"忽略不计"。

2. 关于地球大气中臭氧层减薄问题。戈尔用它作为人类协作（蒙特利尔协定）共同解决全球环境危机的成功例子，来鼓舞士气。这确是事实，但其实两者解决的难度相差很大。因为戈尔忽略了一点，那就是这两种危机影响的地区不同。人类排放氯氟碳破坏臭氧层影响最厉害的地区是高、中纬度，会造成这些地区皮肤癌和眼睛白内障高发，以及地面生态系统的破坏。而世界上发达国家正好位于中高纬度地区（克林顿总统也曾患过皮肤癌）。而全球变暖的影响则没有这种特殊性，基本上是全球"共

享"的。而且全球变暖对中高纬度地区还有增加热量资源，对农业生产还有有利一面。这样，有些发达国家对治理全球变暖问题自然就不那么卖力气了。

3. 关于现今频发的各种自然灾害为什么是全球变暖引起的问题（这对本书应是个重要问题），书中基本上都没有交代（当然，气象学家也不可能一一解释清楚）。但是气象学家们想了一个办法，他们把全球异常气象灾害统称为极端天气事件，指出全球变暖会引起这种事件的多发。因为全球变暖会改变和破坏原来正常的大气环流。世界气象组织和我国气象部门都经常这样向公众解释。因此在这本书里，如果也能这样处理（只需在前面提一次），就可以很巧妙地避开去解释每一个气象灾害成因的困难。但戈尔书中虽出现过极端天气事件这个名词，但却没有利用这个办法，这不能不说是个遗憾。

当然，我们是不可以用气象学家的标准去要求一个政治家的。

但是，瑕不掩瑜，本文作者始终认为本书对世界贡献之大，并不亚于 30 年前卡逊女士的《寂静的春天》。因为卡逊女士揭露的只是全球农药污染，而戈尔揭露的则是殃及全球人类生存的全球变暖（尽管不是他首先但却是系统提出）。他在书中告诫世界，"我们如同坐在一枚定时炸弹上面"。因此，人类如果无视这种的警告，《濒临失衡的地球》，就会变成《完全失衡的地球》；《寂静的春天》变成《寂静的地球》的日子，也就不远了。

编者注：美国前副总统戈尔，主要是以《难以忽视的真相》这部书，以及相关活动荣获 2007 年诺贝尔和平奖的。那么这是一本怎样精彩的书，书中又主要讲了什么？读过这篇书评文章，相信已经略知一二。

中国科普文选（第二辑）

大片《后天》并非是地球的后天

林之光

气象新事

全球变暖本已是全球瞩目的热点，美国大片《后天》的播放更把热点的热度提升了一个层次。报刊上对《后天》的评论很多，不过主要都是"启示"。启示我们要提高环境意识，这当然是好的。而且，说实话，《后天》在宣传气象科学的重要性和自然灾害严重性（美国总统都冻死在南撤墨西哥的路上）方面，确实起到了重大作用。这种作用可能是任何一个国家的环境、气象部门或任何一个科学家所起不到的。

但是，除此之外，影片中的巨大灾难"实况"及其科学解释，却几乎都是人为编造、制作出来的。由于影片的社会影响很大（上半年票房统计，全球名列第三，中国内地列第二），观众较易误信影片的具体内容。因此，从科学上加以揭露澄清，应该是必要的。

首先，我们列举影片中的一些重大科学错误。一是影片中几乎把台风、龙卷、冰雹、暴雨、洪水、暴雪和严寒等气象灾害，不仅极度夸张，而且是毫无科学内在联系地用镜头堆砌、连接到一起。这里只举一例。影片中温带地区在降巨雹、刮台风、发展积雨云（使飞机失事）等夏季强对流天气时，此时热带印度反在降夏雪。二是影片中竟然用热带天气系统"制造"了欧美酷寒暴雪。因为影片中给出造成这些天气的，在卫星云图上，就是热带天气系统台风及其组合。而这种热对流特别强烈的热带天气系统，是不可能在中高纬度上如此形成发展，当然也不应该带来严寒大雪。三是影片中用迅速"拉下"对流层高层约 -150 ℉（-66.7℃）空气到达地面，造成地面严寒低温问题（此外影片中还提到北极气流和西伯利亚气旋中冷空气南下的原因，其实在夏季中它们的温度都在零摄氏度以上）。这种手法更像神话小说了。

因为，首先，它违背了物理学中气体压缩增温的基本规律。我们都知道，在气流下降过程中，由于周围气压增高而肯定会被压缩增温，一般每下降百米升温 1℃。按华盛顿夏季对流层高层的高度以 12~16 千米计，该气流下降到地面时大约应升温 120℃~160℃，因此这时到达地面的就不是低温严寒空气而是高温灼热空气了。地面上的人们就不是被冻死而是会被热死了。其次，如果这种高空极其稀薄的空气（夏季对流层高层空气密度约为地面的 10%）一旦不经压缩突然到达地面，不用说会引起地球大气严重爆炸反应，而且地面人们不管是在冻死或热死之前早就已经窒息而死了。第三，这"拉下"对流层高层气流的巨大能量从何而来？实际上，由于《后天》只是个以气象灾害为重要载体的故事片，是不可以语科学性的。因此片中科学性问题可说比比皆是。

下面再说影片中对巨大灾害原因解释中，唯一有现代科学"根据"的，即全球海洋中的温盐环流关闭理论。这个理论是说，全球变暖后两极冰雪融化，降水增加，都会使极地海水淡化（盐度降低）。海水淡化后密度减小，便不能再沉入海底南流，全球海洋温盐环流因此停止，低纬表层温暖海水也就不再北上高纬，于是极地降温变冷。这个理论本身并无问题，而且地球历史上大约 1 万年前的新仙女木事件（北半球高纬大范围强降温），许多科学家也正是用温盐环流关闭来解释的。我只是指出它并不能用来解释《后天》那样迅速的强降温严寒灾害。因为，全球海洋中温盐环流关闭后北半球高纬度的自然冷却，应该是逐渐

的；而且，一旦中高纬度冷却，南方暖气流会通过大气环流自动北上减缓降温。总之，温盐环流关闭后中高纬度不应该发生突然强降温。

实际上，地球上要出现半球性以至更大范围的气温剧降，一般只可能是类似"核冬天"的机制。即通过大规模核爆炸（或历史上的小行星撞击）等方式制造大量灰沙尘烟（经高空大气环流分布到全球），迅速阻断阳光热量，才有可能使地面温度剧降，以致出现冬季温度，因此称为"核冬天"。实际上，即使核冬天真正发生，也绝不是几个小时之内的事。这种强降温机制在现代地球上短时间、局部地区中已经多少得到证实，例如1815年4月印尼特大火山爆发，1945年8月日本原子弹爆炸，1990年2月科威特油井大火浓烟等。但《后天》中并没有这种引发机制。

最后，我认为，我们得到的真正启示应该是，由于在地球历史上确实曾出现过新仙女木事件等强降温、强升温的巨大灾变。这提醒我们，大自然中确有人类所没有掌握的灾难引发机制（至少新仙女木事件就不是用温盐环流关闭所能解释的）。我们人类在影响和改变地球自然环境时真是要十分谨慎小心，否则将来大自然给我们的报复，就真该是全球性的灭顶之灾了。

《后天》中巨大而离奇的灾难，乃是21世纪初电影艺术家的杰作。

编者注：美国大片《后天》放映后，媒体上一片"启示"声。但本文却指出，影片中的情况实际上是不可能发生的。中国气象局原副局长骆继宾先生最近看过本文后曾精辟总结说："《后天》不是科教片，是反科学的；《后天》不是科幻片，是恐怖片，恐怖到了极点"。

《气象知识》2004（4）

北京：一场小雪后的大思考

洪嘉荷

提起2001年12月7日的那场雪，北京人至今心有余悸。空前的大堵车，竟使北京城引以为自豪的二、三、四环变成了3个巨大的环城停车场。平时不到1小时的回家路变成了5~6个钟头的漫长旅程。公交车司机在结冰的路面上吓得直哭……这些都成了事后的笑谈。现在回过头来想一想，在北京市政设施高速发展的今天，一场不期而至的小雪却给较为脆弱的城市应急系统上了一课。

面对"雪"北京的反应慢了

首先是气象部门。当气象部门作出有雪的结论时，许多人已在办公室里上班了，没有人对这场雪有所准备。一般周末下午一直就是堵车高峰，恰恰雪就在这个周末的下午2时开始飘落。雪量虽然小，却落地成冰。

其次是市政部门。当日下午将近5时，笔者致电有关单位时，对方答复说："雪还不大，融雪车上不上路，正在等上面的通知。"据说新的环保融雪剂只有等到雪有了一定的厚度时才能起作用。也许市政部门一直在等雪的厚度，可到最后，几乎所有的融雪车都堵在了家门口。

本来在地面上大塞车时，城市地铁应当充分发挥运客疏散的

作用，但北京的两条地铁线却按时"打烊"，晚 11 时发出了末班车。有关人员的解释是，除了申奥成功当夜接送狂欢的人群，地铁延长末班车的情况非常罕见。

这是北京首次面对下雪、周末、下班高峰赶在一起的情况，是被迫交出的一份答卷。面对当时的情景，相信每一个人都在反思。

国外如何应付下雪天气

其实暴风雪封路的情况在国外的城市也有发生。那么，他们是怎么做的呢？

在美国洛杉矶市有 1000 多万辆车，一旦下雪，不管是扫雪还是喷洒融雪剂，都用不了 1 个小时，很快车速就可以恢复到平时的水平。

如果碰上交通事故或是路面结冰使通行能力降低，一些国家的警察会先封闭一条车道，进行清理，提高该条车道的通行能力。然后，放行车辆，再封闭第二条车道。紧急状态中遇到交通事故，警察会三言两语问清过程、判定责任，然后立刻要求将事故车移开。对于拒不挪开的车辆，警察会二话不说，用警车将坏车顶到路边，前后不到 5 分钟的时间。

应急救灾队伍正在组建

一场小雪就造成了罕见的大堵车，人们不禁会想，万一遇上别的天灾或人祸，城市预警和救急系统该怎么办？

毕竟，北京是个积极寻求进步的城市。2001 年 12 月 11 日，北京又下了一场中雪。翌日清晨，人们发现大雪已经无痕：市政人员早就连夜将雪化掉并扫干净。公交系统也启动了紧急预案，新电瓶、防滑链、防冻液都装上了车，甚至连交管部门都准备了

应急沙袋。

  来自多方面的消息证实，北京正在加紧建设城市的应变和救急系统。报载，已有专家建议由交管、环卫、气象、救援、医疗等部门共同组成快速反应机构，应付类似的突发事件。此外，气象部门也打算根据自己的技术再织一层更密的天气监测"网"。另外，有关部门正在加强重大气候灾害的形成机理和预测理论研究，用以预防和减少气候灾害所造成的损失。

  我们有理由相信，这场造成京城大堵车的雪没有白下。

编者注：2001年12月7日14~17时的一场1.8毫米的小雪，引发了北京市城区的严重交通拥堵。据事后研究，因为天气系统不强，信号不显，因此气象部门没有及时报出来倒是不奇怪。但因雪化为冰，遂使正常小雪天气也出现了"大灾"。也许这倒是值得气象服务值得研究的地方。

《气象知识》2002（1）

与自然相悖的人类文明

苏 杨

人类文明尽管只有五千年的历史,却已完整地覆盖了庞大的地球,今天,在地球的每一个角落都能找到人类文明的主要表达方式——工、农业合作留下的痕迹。应该说,这些智慧的成果大多数改善了社会福利,使人作为物种空前地强大、空前地幸福,但也应该说,其中有些——而且现在越来越多——属于对自然环境的自作聪明。

农业"生产"的自作聪明——黑白双风暴

从蛮荒时代进入农业文明时代伊始,人类就大力拓荒垦残以增加粮食产出,文明的发展程度甚至可以用农具的材料来指征——石器、铜器、铁器。但回顾历史,一个现象显而易见:文明越发达,衰亡越彻底。从伊拉克的两河流域到埃及的尼罗河流域以至中国的黄河流域,在人类数千年水平越来越高也越来越没有节制的农业开发影响下,环境遭到严重破坏,文明被迫沦落他乡。近代以来,工业技术的进步更使农业生产能力突飞猛进,许多国家通过大规模的农业生产来"改天换地"。由于此时人类改造自然的"聪明"今非昔比,终于短时间内即酿成了大规模的自然灾害。这种灾害中影响最大的是在美国、苏联两个"现代文明大国"发生的黑白双风暴。

19世纪中叶，美国出台土地私有化政策，中部平原经过"开荒"迅速成为美国的主要粮仓。这种掠夺性垦荒造成土层沙化，沙尘暴渐成气候。1934年，震惊世界的黑风暴降临了：裹挟着大量新耕地表层黑土的西风"长成"了东西长2400千米、南北宽1440千米、高约3千米的黑龙，3天内横扫了美国三分之二的地区，把3亿吨肥沃表土送进了大西洋。黑风暴所经之处，农田水井道路被毁，小溪河流干涸，一年之内16万农民被迫逃离。这一年美国农业损失惨重，粮食减产一半之多。

从1960年起，苏联从原世界第四大内陆湖咸海的主要水源——阿姆河和锡尔河中调水灌溉新垦棉田和草场，超过80％的河水被新耕地"吃干榨尽"。这种"创造性地再造自然——在荒漠地带种植棉花"造成了生态灾难：水源被截走后咸海水位急剧下降，湖底盐碱裸露后成为孕育"白风暴"（含盐尘的风暴）的温床。每年都要发生几十次的白风暴，不仅使咸海附近的环境"白色荒漠化"，还直接危及人体：杀虫剂等农用化学品随灌溉排水沉入湖底，湖底裸露后，这些物质被白风暴卷起洒向四周，宛若潘多拉的魔盒里飞出的幽灵——1980年以来，在咸海周围地区，居民的白血病、肾病、支气管炎的发生比例显著升高，婴儿夭亡比例高得可怕，咸海周边有几十万居民因此迁移。联合国环境规划署对此曾这样评价："除了切尔诺贝利核电站灾难外，地球上恐怕再也找不出像咸海周边地区这样的生态灾害覆盖面如此之广、涉及的人数如此之多的地区"。

黑白双风暴事件说明，自然环境只有请出灾害作为代言人，人们才会相信自然的威严。

工程建设中的自作聪明——让人"添堵"的大坝

人类文明的进步更多还是体现在大型工程上,因此工程造就的自作聪明影响就更大。以兴利除弊为目的的工程,如果不讲科学,就会利弊并存,甚至弊大于利,埃及阿斯旺大坝就是一例。阿斯旺大坝尽管在防洪、灌溉、发电、航运和养殖等方面产生了一定效益,但也使尼罗河的生态发生了重大变化:由于阿斯旺高坝处于蒸发异常强烈的荒漠地区,大坝蓄水后宽阔的水面造成水资源因蒸发而大量浪费,不仅影响了发电,也减少了灌溉面积,使得大坝的经济效益迅速下降。而大坝在生态方面的影响尤其深远:下游的洪水灾害的确是减少了,但淤泥也失去了借机惠泽两岸的机会,下游农田因此大面积歉收;河口水质养分降低,在尼罗河汇入地中海处著名的河口渔场严重退化,渔业捕获量大幅下降;此外,大坝还造成了上游的水涝和下游的土地盐碱化问题;尼罗河中多种鱼类更是遭到灭顶之灾。综合看来,大坝工程对农业产生的效益已是负值,对生态和物种的影响更是"此恨绵绵无绝期"。

生态建设的自作聪明——坍塌的"绿色长城"

即便是为了生态恢复而实施的生态建设工程,如果不遵循自然规律,也会好心无好报。这在世界四大生态造林工程中体现得尤为明显。苏联欧洲部分的草原地带由于战时经济的影响,过度开垦和乱砍滥伐,导致自然灾害频发。"二战"后斯大林提出了规模超过美国"罗斯福生态工程"的"斯大林改造大自然计划",倡导在草原区建设防护林带。为了迅速见到生态效益和经济效益,一种标准化工程实施模式被到处推广:大量打深井提水

以确保生长迅速的外来树种的成活率,同时在林带内大规模发展灌溉农业。防护林很快就连网成带,生产的小麦和玉米也迅速缓解了粮食短缺,在最初的五年内这个工程确实效益明显。但随着地下水位的不断下降,原本降雨量就不到 500 毫米的草原地带生态用水被挤占的后果日益显现:仅 1949—1953 年"五年计划"间该工程就营建防护林近 3 万平方千米,到 60 年代末,保存下来的草原防护林面积只剩 2%,新垦农田也有 30%因缺乏水浇条件而大幅减产,另有 20%因产量过低被撂荒后沙化,现在已经成为这一地区春季沙尘暴的尘源。

绿色坝项目也是世界级造林工程。为防止撒哈拉沙漠的不断北侵,北非的阿尔及利亚从 1975 年起沿撒哈拉沙漠北缘大规模种植松树。该工程延伸到邻国摩洛哥和突尼斯,绵延 1500 千米。理论上讲,该工程能使阿尔及利亚林地面积每年扩展 10%。但实际上由于在没有弄清当地的生态水和生产水资源状况和环境承载力之前,盲目用集约化的方式和单一外来物种提高强度的生态建设,结果使生态建设反而变成生态灾难:缺水多病虫害的松树林有一半未能保存,另有 30%成为残次林,沙漠依然在向北扩展。现在该国每年损失的林地超过造林面积。

"三北防护林"曾被誉为中国的"绿色长城"。25 年的时间里,我国用了数百亿资金来"筑城",尽管局部收效不小,但最显而易见的"成果"是——首都北京几乎每年仍要迎接春季时的沙尘暴。而且,现在看到绵延上千里的防护林时,常常会让我们想到长城——它们都在"坍塌"。这是因为当初造林时不管当地水文气象地貌等条件,不顾适地适树适草的自然规律,搞"北方都是杨家将"(种杨树),不仅树苗成活率低,更容易因为水热条件跟不上使杨树林长成"少年老成、病态龙钟"的"小老头树林"。这种人工纯林也有诸多问题:生态效益差,林间物种缺少食物链制约,因而稳定性差,易遭灾,在发生虫害时,一倒一大片。1990 年初,宁夏的天牛灾害毁了"三北"工程近

1亿株杨树，内蒙古、宁夏等地的鼢鼠灾害也造成了所植林木大面积的死亡。

世界四大造林工程都在草原退化地区展开，为什么只有罗斯福工程达到了预期效果呢？究其根源，恰恰是因为美国的治沙之道不只是种树。在开展罗斯福工程的同时，美国成立了土壤保持局，鼓励各州采取土壤保持措施，农田免耕、休耕和粮草轮作等与自然和谐的新技术得到普遍应用；与此同时，数百万公顷易受旱灾的农田退耕还草，改为牧场，较为重要的地带设立了保护区；另一个易被忽略的重要因素，就是在黑风暴肆虐的几年中，新垦地几十万居民举家迁往西海岸，上千万公顷的农田得到了自然退耕还草的机会。而在苏联、北非和中国的三北地区，人们把美国的经验片面理解为按工程的最高效率而非按当地的水、热、土条件营造农田防护林网。伴随造林工程的不是退耕还草，反而是耕种面积的进一步扩大和生产用水进一步抢夺生态用水，结果不仅林网自身很脆弱，宏观来看生态环境也是局部变好整体恶化。

这些事例说明人类别说能改天换地，就连醒悟过来主动与自然求和也是那么不得要领。

人类应保持对自然的敬畏——
"生物圈二号"和"三八线"对比的启示

可见，人类还没有资格自大。关于此，有一个教训可资借鉴，这就是生物圈二号实验。1991年，美国科学家进行了一个耗资巨大、规模空前的"生物圈二号"实验。"生物圈二号"是一个巨大的封闭的生态系统，位于美国亚利桑那州的荒漠中，大约有两个足球场大小。从外观看，很像科幻片里建在月球上的空间站。依照设计，这个封闭生态系统尽可能模拟自然的生态体系，有土壤、水、空气与动植物，甚至还有森林、湖泊、河流和

海洋。1991年，8位科学家被送进"生物圈二号"从事研究，本来预期他们与世隔绝两年，吃自己生产的粮食，呼吸植物释放的氧气，饮用生态系统自然净化的水。总之，希望这个封闭系统能够维持人类生存所需的物质循环和能量流动。但18个月之后，"生物圈二号"系统严重失去平衡。氧气浓度从21%降至14%，不足以维持研究者的生命，输入氧气加以补救也无济于事，原有的25种小动物，19种灭绝，为植物传播花粉的昆虫全部死亡，高等植物因此也无法繁殖。最后除适应力最强的白蚁、蟑螂和藤本植物外，其他较为高等的动植物都奄奄一息，8位科学家当然也只能以紧急撤出了事。

事后的研究发现：细菌在分解土壤中含有的大量有机质这一过程中，耗费了大量的氧气；而细菌所释放出的二氧化碳经过化学作用被"生物圈二号"的混凝土墙所吸收，又破坏了循环。1996年，哥伦比亚大学接管了"生物圈2号"。9月，由数名科学家组成的委员会对实验进行了总结，他们认为，"在现有技术条件下，人类还无法模拟出一个具备地球基本功能、可供人类生存的生态环境"。天亦有道，面对大自然，才疏学浅的人类再次自作聪明。偌大的"生物圈二号"，尽管耗资2亿美元，却连8个人的生存都无法维持，人们难道不该对"生物圈一号"——地球保持更多的敬畏吗？

而"三八线"上发生的巨变则从另一个角度认证了这个真理。1953年朝鲜战争结束后，南、北朝鲜大致以北纬38度线为停火线，沿侧两侧划定的非军事区总面积为500多平方千米。停战40多年来，这里基本没有任何人类活动，恢复了完全的自然状态。40年后，有少数韩国科学家进入这个无人区，发现这块当初被对垒双方炮火摧残得一片荒芜的地方河水清澈，森林茂密，物种繁多，一片欣欣向荣的景象。在这里有多种稀有动植物被发现，其中包括14种以前认为已在朝鲜半岛灭绝的动物，如金钱豹、丹顶鹤等。40年，上帝再造就一个伊甸园！美国宾夕

法尼亚州大学生物多样性研究中心主任金克中教授对此事曾这样评论:"全世界只有这个地方,三千年以来的农耕文明突然中止,原始物种可以在没有人类干扰下自由发展。40年来这个地区的生态恢复情况大大超过了人类所有的生态建设能够达到的水平"。

地球是人类唯一能依赖的生命支持系统。在还有那么多未知未解之前,维持生态系统的完整性,才是最好的策略。

人类应保持对自然的敬畏,不满三百万岁的人类想对46亿高龄的地球指手画脚当家作主,为时尚早。要避免对自然环境自作聪明,最好的生态建设就是让生态自己建设,否则,我们很可能就不会再有下一个五千年文明。

编者注:不按自然规律办事的任何"人类改造自然",总会以自然界的报复而失败,或者以有严重副作用而告终。自然界是人类最好的老师,本文这些事实就是大自然老师最好的教材。

本文的第四个标题是编者按内容新加的,因为这些内容已不属第三标题而是另外新内容。

《科学与文化》2005(3)

为何四川盆地高温伏旱与三峡水库无关

林之光

今夏四川盆地高温干旱,重庆等川东地区尤为严重(例如重庆綦江最高气温 44.5℃,破 54 年纪录)。因恰值前不久三峡水库蓄水达到 135 米高程,于是便产生了这场严重高温干旱是不是由三峡水库蓄水所引发的问题。

媒体上发表的对这场高温干旱的成因的回答,综合起来主要是,"全球变暖是其背景原因,大气环流是其直接原因;与三峡水库很难扯上关系"。

作者同意这样的回答,即两者之间无关。但是觉得其中有个关键问题没有回答清楚,即两者为什么无关?另外,"有关"论者中有些人不科学的思想方法也需要批评指出,因为它在社会上有一定普遍性。本文主要说说这两个问题。

三峡水库库区大部位于峡谷地段,水位上升百米江面也增宽有限。以百米为单位的窄窄长江,对面积约 20 万平方千米的四川盆地确实构不成什么重大影响。例如面积比三峡水库大得多的洞庭湖、鄱阳湖和太湖,它们对周围气候影响的范围最多几十千米,影响的范围和数值都只是局地小气候量级。更重要的是,它们对周围气候的影响方向,实际上恰恰应是降温而不是升温。因为水体对周围的影响,主要是冬季提高最低气温,夏季降低最高气温。所以三峡水库夏季中绝不可能以其较凉的水温(凡大水

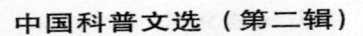

体，夏季中平均水温和白昼水温都比气温低），引起整个盆地的大范围高温干旱来，这是很清楚的。

今夏四川盆地的高温干旱主要是副热带高压（简称副高）西伸加强并持久控制等原因，即大气环流的异常造成的。纵观世界上庞大的副高控制下的亚热带地区，从撒哈拉大沙漠（陆地），地中海地区（水多于陆），到太平洋、大西洋等大洋（水面），夏季中哪里不都是大范围晴朗干旱高温气候？只不过程度不同罢了。因此，它启示我们，形成或改变这种大范围晴朗干旱高温气候的开关，不是在地面，而是在天上，即副高中大范围强烈的下沉气流。而副高的位置和强度变化，是由更大范围以至全球大气环流及其调整决定的。所以作者认为，今夏四川盆地高温干旱，大气环流异常不仅是直接原因，而且也是主要原因。

说"有关论"者思想方法问题，指的是它的随意主观联想。例如，20 世纪八九十年代曾有过"属羊的人命苦"，"闰八月是大灾年"等说法流行，有的还造成了不良影响。原因是社会上确曾有过几个属羊的人命运坎坷；也确曾有的闰八月年份出现了大灾。但问题是，相反的事实可能更多。如果今年闰的是八月而不是七月，或许有人又会把它和四川盆地异常高温干旱联系起来，说"闰八月是大灾年真灵"了。

显然，要改变这种随意主观联想的思想方法，并不能单靠讲事实，更需要普及科学思想、科学方法和科学精神。否则，实践已经证明，按下了葫芦还会浮起瓢的。其实，要想鉴别所联想的结论是否正确其实也并不难，只需要进行正反对比。例如对于三峡水库，只要观察新安江等国内外大型水库建成前后周围较大范围气候是否有显著变化（实际上是没有），以及四川盆地今后夏季是否年年都会出现类似今夏的严重高温干旱（注：实际上是，不是），等等。

编者注：三峡水库一直就是社会上关注的一个焦点。四川盆地以至全国发生的重大灾害常常要扯上它。这不，2009 年北方大面

积春旱就有人又把它扯上了。但本文说的是 2006 年四川盆地的异常高温干旱，因为网上有的文章还"引用"了我的《地形降水气候学》，其实两者无关。本文也是我的一个表态。文中批评的"随意主观联想"这种思想方法，在社会上是有一定普遍性的，而且还累批累犯。

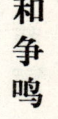

评论和争鸣

我说"南北自然分界线"

林之光

淮河、秦岭一线历来是我国公认的南北方自然分界线。但我认为这并非是严格科学意义上的线,说它是线是人为的。

最近,多种媒体上纷纷报道,江苏淮安开建我国南北分界线标志园,园内有横跨河上的曲桥,桥中央的巨大涂彩中空圆球,便是南北方分界线标志物。此外,淮河沿岸其他城市也有类似活动。例如,河南信阳已经完成了标志物意义的多学科论证;安徽蚌埠更在2年前就已请工艺美术大师韩美林设计完成了南北分界线的标志雕塑。

有些媒体文章认为,南北分界线是条线而不是一个点,不能由某个城市垄断,这类竞争不是文化传承而是"文化迷失"。新浪网曾对4.5万网民调查,竟有88%的人反对兴建,有的甚至上纲到政治高度。我认为我国自然南北分界线不是一条线而是一个带,淮河只是因为大体位于该带中心线附近而约定俗成的。至少沿淮城市应都有权建标志物,也不存在垄断问题。本文主要从气象学角度论述我国的南北分界线。

南北自然分界线,实际上首先是个气候分界线。因为一个地方的自然环境,例如植被、水文、土壤和农作物等,主要还是由当地气象条件决定的。在中国气候区划里,我们也一直把淮河秦岭作为最重要气候分界线,例如在热量区划中是北方暖温带和南方亚热带的分界;在水分区划中是北方半干旱、半湿润气候和南方湿润气候的分界。淮河秦岭的气象条件就是气候分区的指标。

当然，把淮河秦岭作为南北方分界是有根据的。例如早在战国时期的《周礼》中说，"橘逾淮而北为枳"。也就是说，淮南甘甜的橘子种到淮北就成了只能供药用的酸涩的枳了。橘是亚热带气候的指示植物，因此淮河便是亚热带北界，南北方的分界线了。

此外，历史上也流传许多有关于南北方具有不同气候、风土人情的谚语。例如，"南稻北麦"是说，南方春夏多雨，适宜种需水多的水稻，人们亦以米和米制品为主食；北方少雨春旱，历史上多种需水少而耐旱的小麦，人们也都以面和面制品为主食。

再如，"南船北马"是说，南方雨水多，河湖港汊发达，因此古代交通多乘船，且船也能载重；北方雨水少，地又多，一马平川，历来人们习惯用马代步。"南甜北咸"是说，亚热带的南方能长甘蔗，用来榨糖，因而南方人习惯吃甜；而北方因甜菜输入我国很晚，便习惯食咸了。还有，北方因为少雨干燥，古代农村房屋只需土墙草顶；而南方雨大、雨多，房屋必须砖墙瓦顶，至少下半墙要用砖，等。

这"南稻北麦"、"南船北马"、"南甜北咸"等的分界线大体就在淮河秦岭一线。

但是，应该指出的是，我国南北方分界线实际上不是一条线，而是一个带。北方的春旱夏雨气候和南方的春雨梅雨伏旱气候；北方的干燥暖温带气候和南方的湿润亚热带气候，在这个带内逐渐完成过渡罢了。所以，淮河两岸即使相差十几、甚至几十千米，其气候、农业和自然景观是难以看出差别的。

实际上，弯曲流向东北偏东的淮河也并非准确的气候和自然分界线。还以"橘逾淮而北为枳"为例。因为我国东部地区冬季中南下冷空气极强，常常带来柑橘致命低温，因此现今即使淮河以南 200~300 千米的江南，除局部有利地区外，一般也没有柑橘种植的经济价值。这 200~300 千米内有亚热带之名而无亚

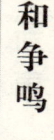

热带之实，气象学家们都是心中有数的。

而且，气候是会变化的。例如，建国初期进行我国气候区划时，淮河一线年雨量750毫米，1月平均气温0℃，到现在分别升高到了约1000毫米和2℃；由于全球变暖，亚热带北界将来预计还要北推到黄河两岸。

因此，从上可知，南北方分界线在科学上并非真有这条线，即南北方并不是在某一条界线（例如淮河）上，而是在相当宽的带内，才逐渐完成上述南北方气候和自然地理的质变的。而且这个带历史上一直在南北缓慢移动。因此，建立分界线标志物的科学意义本身也并不很大，不必上升到政治高度（担心所谓"南北分治"），因为那只是自然界线而已。

编者注：争建我国南北自然分界线标志物，一度成了淮河沿岸城市的热点。科学界一般指出，南北分界是一条线而不是一个点，沿淮城市都可以建。我则指出，我国南北自然分界线是一个带而不是一条线。这样，标志物的意义自然降低，不必争了。又指出，南北分界线乃自然分界，不是政治分界，不必上纲上线。

中国科普文选（第二辑）

气象新事

世界气象日

SHIJIE QIXIANG RI

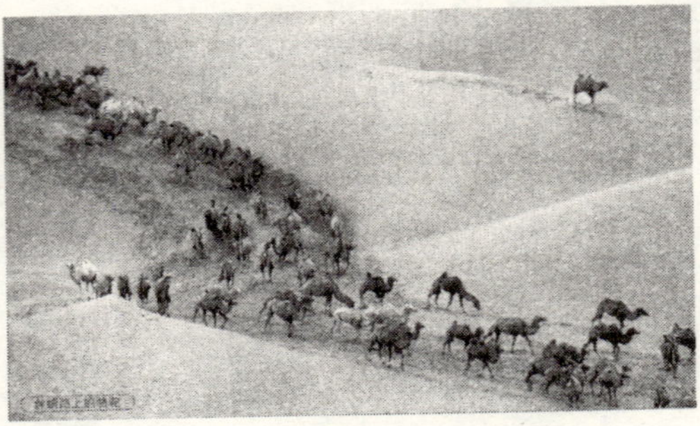

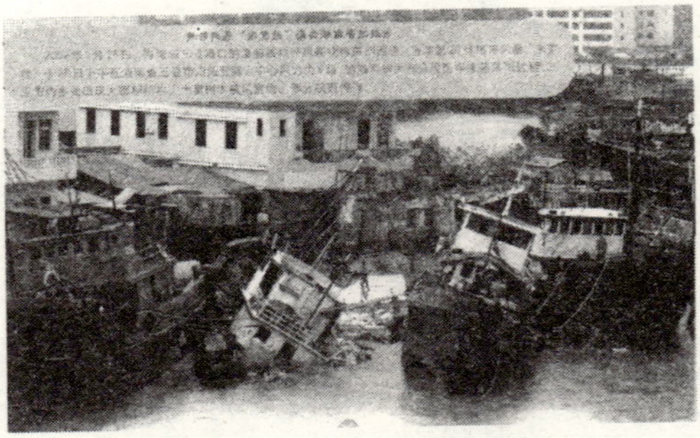

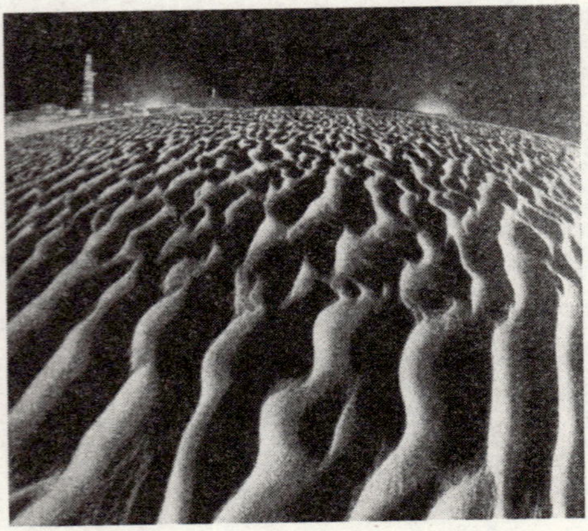

中国科普文选（第二辑）

世界气象日的由来

骆继宾

编者按：世界气象日的意义非常重大，这在本书"世界气象日的由来"一文中有专门介绍。但是在我国却还没有系统、全面、重点地向大众进行介绍的书或文章。现在，我很荣幸地请到了中国气象局原副局长骆继宾先生专门为本书撰写了这个问题，列为本书的第六部分。他 1979~1983 年又曾在联合国《世界气象组织》任职（官员）4 年，自然是撰写本问题的最佳人选。本部分共分三部分。第一部分就是"世界气象日的由来"；第二部分是历届世界气象日的主题，对主题的分析，以及其中部分主题的内容解释；第三部分是三篇文章，即"气象与水资源"、"气象与粮食生产"和"气象与环境保护"，它们是历届世界气象日主题最为集中的三个方面。

每年的 3 月 23 日为世界气象日，各国气象部门都要围绕一个共同的主题开展纪念活动，进行科普宣传。那么世界气象日是怎么来的？为什么要定在 3 月 23 日？每年的主题又是怎么确定的？

早在 17、18 世纪，当欧洲的航海事业有了较大发展时，航海家们就希望能预测风暴以保障航行安全。但科学家们发现，单靠一个地方的气象观测是无法做天气预报的，因为大气的活动的范围很广，是无国界的，需要各国之间的气象资料情报的交流。到了19世纪中期，一些欧洲的气象学家就想利用已经发明的无线电报来传递气象资料。为此，1873年一批欧洲气象学家发起组织了国际气象组织（International Meteorological Organization），简称IMO。之后，他们开展了一些传递气象情报的试验，制作成了欧洲的天气图，还进行了一些学术交流。与此同时，他们发现，他们的活动得不到各国政府有关部门的响应和支持，有诸多不便。在第一和第二次世界大战期间，该组织停止了活动，"二战"之后他们决心把这个民间组织转换成一个政府间的国际组织。经他们发起，1947年9月在美国华盛顿召开了世界各国气象局长会议。45个国家的气象局长与会，包括中国当时的中央气象局长吕炯。会上讨论并通过了"世界气象组织公约"，实际就是世界气象组织的章程，交各国政府批准，并规定待批准国达到30个后，该公约生效。同时，成立"世界气象组织"。按此规定，世界气象组织公约于1950年3月23日生效。1951年召开了第一次世界气象大会，宣布"世界气象组织"正式成立。1960年，世界气象组织决定将3月23日定为世界气象日，以纪念世界气象组织的成立。从此，世界气象组织的执行委员会（后改为执行理事会）在每年的年会上讨论决定下一年世界气象日的主题，届时各国和各地的气象部门就围绕这个主题来开展宣传科普活动。

我国是世界气象组织的发起国之一，1952年世界气象组织和联合国签署协议，正式成为联合国的专门机构（Specialized Agency），其地位与联合国教科文组织、世界卫生组织等专门机构等同。新中国成立后，我国在世界气象组织的合法席位曾被台湾当局占领，1972年世界气象组织宣布恢复我国在该组织的合法地位。我国气象部门于1973年正式参加了世界气象组织的活动。1974年开始了纪念世界气象日的活动。

事实上，联合国各专门机构都先后建立了类似的纪念日活动。如：世界卫生组织有世界卫生日；国际电信联盟有国际电信

日等。每年也都确定不同的主题，开展纪念日活动。主要是有针对性地进行科普教育和宣传。

世界气象日活动的主要的意义在于：①让广大人民群众、特别是青少年了解气象知识，学习在气象灾害中防灾、避灾，自我保护的意识和能力；②让群众了解气象与国民经济各领域的关系，以便各行各业在本领域的生产中和工作中趋利避害取得更好的效益；③让人民群众了解气象与环境、生态及自然资源间的相互关系，以便他们能更自觉地保护环境、生态和有效利用自然资源。

气象是一门与人类活动、自然环境和国民经济有着广泛联系的学科。几十年来"世界气象日"的活动在世界各国开展得越来越广泛，越来越受到社会各界的重视，活动形式也越来越多样化。

我国纪念世界气象日的活动，开始只在北京和几个大城市，以后扩展到各省、市，各级政府对此都很重视并给予支持，现在不少已经扩展到县、甚至乡镇，活动形式也有很多创新，不仅有专题报告会、放映科普影片、散发科普材料、现场咨询，还有开放气象台和有关设施供青少年和人民群众参观等。然而，相对于我国十三亿人口而言，我国气象科普宣传教育的广度和深度都还很不够。

人类生存于大气层中，天气变幻和气象灾害将永远存在，气候变化也不会停歇，因此，气象科普也将长期进行下去。世界气象日活动为气象科普宣传提供了一个很好的机会和平台，应该有效地加以利用。

中国科普文选（第二辑）

世界气象日主题、简要分析和诠释

骆继宾

一、历届世界气象日主题

每年气象日都有一个主题。从 1961 年开始到 2008 年总共经历了 48 个世界气象日。现将所有主题按年序排列如下：

1961 年　气象
1962 年　气象对农业和粮食生产的贡献
1963 年　交通和气象（特别是气象应用于航空）
1964 年　气象——经济发展的一个因素
1965 年　国际气象合作
1966 年　世界天气监测网
1967 年　天气和水
1968 年　气象与农业
1969 年　气象服务的经济效益
1970 年　气象教育和训练
1971 年　气象与人类环境
1972 年　气象与人类环境
1973 年　国际气象合作 100 周年
1974 年　气象与旅游
1975 年　气象与电讯

· 258 ·

1976 年	天气与粮食
1977 年	天气与水
1978 年	未来气象与研究
1979 年	气象与能源
1980 年	人与气候变化
1981 年	世界天气监测网
1982 年	空间气象观测
1983 年	气象观测员
1984 年	气象增加粮食生产
1985 年	气象与公众安全
1986 年	气候变化，干旱和沙漠化
1987 年	气象与国际合作的典范
1988 年	气象与宣传媒介
1989 年	气象为航空服务
1990 年	气象和水文部门为减少自然灾害服务
1991 年	地球大气
1992 年	天气和气候为稳定发展服务
1993 年	气象与技术转让
1994 年	观测天气与气候
1995 年	公众与天气服务
1996 年	气象与体育服务
1997 年	天气与城市水问题
1998 年	天气、海洋与人类活动
1999 年	天气、气候与健康
2000 年	气象服务五十年
2001 年	天气、气候和水的志愿者
2002 年	降低对天气和气候极端事件的脆弱性
2003 年	关注我们未来的气候
2004 年	信息时代的天气、气候和水

2005 年　天气、气候、水和可持续发展
2006 年　预防和减轻自然灾害
2007 年　极地气象：认识全球影响？
2008 年　观测我们的星球，共创更美好的未来
2009 年　天气、气候和我们呼吸的空气

二、历届世界气象日主题分析

每年世界气象日的主题都是头一年世界气象组织执行理事会根据当时全球比较普遍关心的问题提出来的。其中有些主题近似或重复，这说明人们对这个主题有着更多的关心。现将这48个主题进行简单地分类和分析

与水和水资源有关主题共7个：1967，1977，1986，1997，2001，2004，2005；

与农业和粮食有关主题共4个：1962，1968，1976，1984；

与防灾减灾有关主题共4个：1985，1990，2002，2006；

与环境保护有关主题共3个：1971，1972，1998，其中，1971和1972主题完全相同，因为1972年联合国召开了第一届世界环境保护大会；

与气候变化有关主题有3个：1980，1986，2003；

与航空及交通安全有2个：1963，1989。

从以上各主题重复和集中的个数表明国际社会对某个主题方面关注的程度。这就是说，国际社会最关心的是气象和水及水资源的关系，其次是气象和农业及粮食生产的关系，再其次是气象和防灾、减灾的关系。这也表明国际社会希望和要求各国气象部门在这几个领域作出更大的努力和贡献；并向社会和人民大众作更多的科普宣传。

三、历届世界气象日主题诠释

在以上 48 个气象日主题中有一部分主题,涉及气象行业内的一些专业问题,需要做些特别说明才能使读者易于了解。

1973 年主题是"国际气象合作 100 周年"。因为这一年是世界气象组织的前身国际气象组织"IMO"成立 100 周年,而气象的国际合作也是从这时开始的,为此,世界气象组织举办了盛大的庆祝活动,并提出这一主题以配合这一活动。中国气象部门也派出较大的代表团出席了该项活动。

1966 年和 1981 年的主题都是"世界天气监视网"(WORLD WEATHER WATCH)。这是世界气象组织于 20 世纪 60 年代初组织的一个庞大的国际气象业务计划。它分为三个系统:①全球观测系统,它规定了全球气象观测台站,包括地面和高空站的设置,观测的项目、内容、时间、编码和发报规程等,各国都按这统一的规定来观测和发报,这样气象资料就能相互识别、比较和利用;②全球通信系统,它规定了全球气象通信传播的种类、方式(如无线、有线、卫星通信等)、路由、规程,发报用的格式和电码等,有了这些统一的规定,气象观测资料就能以最简便、快捷的方式和速度转递和接收。而且能由计算机识别和处理;③全球资料加工系统,它规定了各国气象台和气象中心根据所收到的观测资料所做的加工产品(包括天气图、预报图等)的层次、绘制的规格、标准等。这样,各国还可以利用其他国家的加工产品来制作本国天气预报、警报以及其他的各种气候服务。正是有了这个计划,各国之间气象业务的交往和合作每天、每时不断,而且非常高效,各国收益。这个计划已经运行了四十多年,内容在逐渐更新,受到各国和各国际组织的赞誉。

1982 年的主题是"空间气象观测"。日常我们所感觉和看到的天气现象,如风、云、降雨、降雪、雾、霜、雹等都是发生在

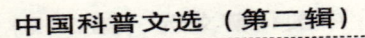

大气层里的现象。在大气层以外,既没有空气,也没有上述天气现象。空间天气指的是在大气层以外的其他一些现象,主要是太阳表面能量的一些变化,如太阳辐射强度、紫外线强度、太阳磁场和磁场爆发等等,这些因素影响无线电波的传输和地面通信,也影响卫星和宇宙航行运行和安全。太阳辐射的变化还对地球上的气候有影响。因此,要对这些要素进行观测,进而要对它们作出预报。

1983年的主题是"气象观测员"。目前虽然已经有了自动气象站,但绝大部分气象观测还是由气象观测员来进行的。这些气象员要经过专业培训,要能吃苦耐劳,要有敬业精神。因为很多气象站是设在高山、海岛、沙漠、荒原、丛林中,生活条件十分艰苦,而他们常常要值夜班,观测要十分准时、准确。这是一项崇高而神圣的职业,没有他们日夜艰苦劳动就不可能有准确的天气预报和气候信息。气象日的这个主题是让人们不要忘记他们,并向他们致敬。

1987年的主题是:"气象与国际合作的典范"。气象领域的国际合作广泛而紧密,为世界各国所称道。这是由于各国只要做天气预报就必须得到国外的气象观测资料,19世纪时先是用无线电广播,以后改为有线电路,现在又用卫星通信彼此交换,互不收费。20世纪60年代出现了气象卫星,现在美国、俄国、日本、欧洲、中国、印度都有了自己的气象卫星,卫星图片、资料对世界各国公开,也完全不收费,没有任何商业利益和气氛。这种互助合作有利于各国的防灾、减灾,也有利于各国经济的发展,的确值得各行各业效仿。

1988年的主题是"气象与宣传媒介"。主要是指天气预报、警报以及其他信息是人民群众防灾、避灾及安排生活的重要信息,需要通过各种媒体来发布,它既要及时,又要便捷,还要通俗易懂,让人喜闻乐见。这就需要气象部门与宣传媒体密切配合,不断创新。这种信息最早是通过报纸,以后是广播,电视普

及以后是电视节目,现在还有电话、手机短信来发布。目前,通过互联网获取气象信息的很普遍。总之,气象信息的发布正随着传媒手段的发展而发展。

1991年的主题是"地球大气"。在地球外面包了一层空气,就叫做地球大气。大气中75%的质量在距海平面11千米高度之内,地面上的各种天气现象主要发生在这个范围之内。再往上,空气就越来越稀薄,气象界一般认为距海平面100千米就是大气层和外层空间的分界。有了地球大气地上就有了氧气、水,河流、湖泊、海洋和各种生物,也才使人类的生存成为可能。地球大气中含有臭氧,它能吸收阳光中的紫外线辐射,使人类不至于受过强紫外线辐射的伤害;地球大气还有"温室效应",它使地表面昼夜的气温差异不很大,适宜于人类的生存。月球上没有大气层,它白天的温度达123摄氏度,而夜间可降至零下233摄氏度。这么大的温差人类和生物怎么承受得了?

1993年的主题是"气象与技术转让"。发达国家和发展中国家科学技术水平差异很大,气象领域也是一样。很多发展中国家呼吁发达国家对他们进行援助,提高他们的服务水平,以使人民能抗御气象灾害。发达国家也确实进行了一些援助,如出售或赠送了一些仪器设备,包括电脑、雷达等等。但是,很多发展中国家反映,对这些仪器、设备不会使用、不会维修,没有发挥应有的作用。于是提出了技术转让(technology transfer)问题。技术转让就是要技术传授,不单是提供设备,还要培训人员,传授技术,包括一些核心技术,直到学会为止。但发达国家常强调有些技术是他们的专利而不能传授。这是一场在各科技和经济领域内旷日持久的斗争。提出这个主题是再一次呼吁发达国家向发展中国家转让气象领域的技术。

1994年的主题是"观测天气与气候"。天气和气候与人们生活息息相关,看得见、感觉得到但摸不着,要预报天气只能观测各地大气中的一些要素,如气温、气压、湿度、风向、风力、雨

量、云、太阳辐射等等。不仅要观测地表面的要素，还要观测高空各层的要素。目前这种观测是通过全球各国设在各地的气象站按统一的时间和标准来进行的。有人工观测，有自动气象站观测，有高空探测气球观测，有天气雷达观测，还有气象火箭和气象卫星观测。

1995年的主题是"公众与天气服务"，2000年气象日的主题是"气象服务五十年"。两个主题内容相近。从1950年世界气象组织成立算起到2000年的50年气象科技有了很大的进步和发展，与此同时，气象服务，主要是天气预报也有了很大的发展，一是预报准确率有了很大提高；二是各种媒体争相用各种方式来传播和宣传天气预报，使它深入了千家万户，很多人甚至养成了每天必看天气预报节目的习惯；三是天气预报还深入到减灾防灾、国民经济的各个领域，不仅减少了人民生命财产的损失，还为社会创造了巨大的财富。正因为如此，各国政府和社会对气象工作都越来越重视，大家寄希望未来气象部门能提供更好的服务。

2002年的主题是"降低对天气和气候极端事件的脆弱性"。天气和气候极端事件指的是多年不遇的严重天气和气候现象，如大范围的严寒和冰冻，超强的大风和台风，极猛烈的暴雨、山洪，异常的高温、酷暑，等等。由于事前防备不足，往往造成人民生命和财产的惨重损失。这就是社会应对极端天气和气候事件的脆弱性。对于极端天气和气候事件，目前的气象预报能力还比较差，但是，却可以发现一些趋势和苗头。要降低社会对极端事件的脆弱性，就是要加强防备，这需要由政府组织、有关部门，包括气象部门参加，对各种可能的极端事件提出应对方案，一有苗头就做出应急反应。例如，当有较强台风将在某一地区登陆时，该地区要能迅速、有序、安全地撤离和安置这一地区的居民；大范围的冰雪天气，可能使公路、铁路交通中断，民航停飞，高压线和通信电路有可能被冰雪压断，自来水管和输油管也

可能冻裂，造成大范围停电、停水和停止供暖、供油，使社会生活大乱。因此各地政府和有关部门应在事前对最可能受害的重点地区和重点线路和路段要有严密监测和防范措施，一旦发生灾害要能最快地抢救、抢修，最好能有备份电路，要有煤、油的储备，以使灾害发生后损失最小，中断供应时间最短，以尽可能保持社会生活的稳定；生活在陡坡之下和山脚地区最容易遭突发暴雨和泥石流的袭击，政府应该让这些地区的居民永久性地异地安置。

2003年的主题是"关注我们未来的气候"。气候是在不断的变化，近三四十年来全球气候是在变暖，全球平均气温较过去升高了0.6摄氏度。气候学家们的主流意见是由于百年来工业的发展，人类向大气层排放了大量的二氧化碳等温室气体引起了气候变暖，这种趋势还将发展下去，到本世纪末全球气温将升高1.4～4.2摄氏度。其结果对人类社会将是弊多利少，并可能造成重大灾难。因此，建议各国要减少温室气体的排放。在联合国主持下世界各国已经签订了"气候变化框架公约"和"京都议定书"，目的即在于此。然而，气候学家们也承认，目前的气候科学水平还不可能准确地预测未来的气候变化，或者说，气候变化还有不确定性。事实上，近几年来，气候变暖的势头已经减弱，欧美一些国家和我国一些地区都出现了多年少有的寒冷天气。从历史上看，气候也是冷暖时段相互交替，一个时段可以几百、上千年。几世纪前并没有工业排放温室气体，那时气候也曾变暖，说明影响气候变化的因素很多，不仅是温室气体的增加。但是，不论今后气候如何变化，即便气候变冷，减少温室气体的排放对人类都是有益而无害的。因为，减少能源消耗、提高能源效益，改用清洁能源都有利于提高社会经济效益，净化人类生存环境。

气象与水资源

骆继宾

地球上的水资源问题

人类赖以生存的最基本的资源就是空气、水和粮食。然而世界上不少国家和地区都发生水资源的短缺问题，这种趋势正在逐渐发展，范围越来越大，程度越来越严重。这是因为地球上的淡水资源是有限的，而人口在不断增多，各种需求在不断提高，而地球上的天气、气候变化又使地球上的淡水资源分布上，包括时间和空间的分布更加不均衡。出现了一些地区长期的干旱；一些河流、湖泊、池塘干涸；荒漠化和半荒漠化的地区在不断扩大。再加上一些原本可用的淡水资源，包括河流湖泊、水库、池塘受到污染，使淡水资源问题更加突出。因而，国际社会对这一问题也越来越关注，认为这是当今威胁人类生存的重大问题之一。

19世纪初全球人口约为10亿，到21世纪初已增加到了约60亿，人民生活水平提高了，也现代化了，对水的需求自然也相应提高，如洗浴、洗衣、洗车、浇灌花草等等；经济发展了，工业、农业、服务业的用水也大大地增加。这种趋势至少在短期内还难以改变。

世界淡水资源短缺，中国淡水资源就更缺，中国的人均淡水占有量是世界人均占有量的四分之一，约为2400~2700立方米，在世界上人均占有量排名第109位。

要缓解淡水资源的短缺问题，人们正在探索多种途径，首先是提倡节约用水；循环利用废水即中水；兴建水库和大小蓄水池塘；外地调水；有效利用雨水、雪水、雾水。总体来说就是淡水资源的有效利用和保持问题。虽然海水淡化也是一条途径，但是由于成本太高，目前还只在部分海湾国家在使用。

由于水是以水、水汽、云、雨、雪、冰等不同的形体，不停地在地球上和大气层中运动和变化着，因而水的有效利用就和气象有着密切的关系。人们于是寄希望于利用气象信息和科技来提高淡水资源的储存及利用效率。

水在地球表面和大气层中的循环和运动

大气中的水汽抬高后凝结成云，在遇到适当的温度时就变成雨滴、雪花或冰粒降到地面成为雨、雪、冰雹。雨水和融化后的冰、雪可能有三条出路：一是渗透进入泥土，滋养植物、农作物，如土壤饱和则再往下渗补充地下水；二是经过蒸发成为水汽又回到大气层中；三是在地面上径流，通过沟渠、溪、塘等流入小河、大河、最终流入大海，海水也向大气蒸发水汽。水就是这样在地表和大气中以不同的形式在不停地运动和循环，并演绎出多种多样的天气现象。

实际上，天空的降水（雨、雪）就是地球生物圈赖以生存的基本资源，可以说没有降水就没有农业和林业；降水也是地球上多数地区人类生活用水的主要源泉。虽然当今科技已经很发达，但长期的干旱仍然会造成河流湖泊干涸，人畜饮水困难，发达国家也不例外。因此，有效收集、储存和利用天空降水是缓解淡水资源短缺的一个重要环节。

气象与水资源利用

我国各地都修建了大大小小的水库用以储水和拦水，西北的

干旱和半干旱地区还修建了许多小的池塘和家庭水窖用以集水和存水。北京就是主要靠密云和官厅水库提供城市用水的。水库的管理一般是雨季集水、储水供全年使用。实际上每年的雨季和雨季的降水并不规律：有的年份雨季长，有的短，有的降雨季来得早，有的来得晚，有的雨季降雨量大，有的降雨量小。降雨过猛，会形成洪涝；有的年份降雨量少或很少，会形成干旱或持续干旱。这就需要利用天气预报，包括短期预报、中期预报和长期预报的信息来调节水库的储水。既要避免雨季前放水过多，而遇到雨季少雨，结果储水不足；也要避免储水过多，遇上暴雨或一时降雨过猛、过急，来不及放水而造成水库下游的洪灾，或水库垮坝酿成更大灾害。当然，调节好水库的储水和用水还需要气象和水利部门间的密切配合。

农业用水占人类淡水资源消耗量的比重最大。在我国，农业用水占整个淡水用量的64.6%。因而，如何有效和节约农业灌溉用水是节约淡水资源最为重要的部分。一方面要改进灌溉的方法，比如用喷灌和滴灌代替漫灌；另一方面要根据农作物的生长发育情况和天气信息及预报来确定何时灌溉，灌多少水。比如预报未来三五天内就要下雨，那就不要灌溉了，既能避免浪费水，又避免土壤过分饱和；在干旱的时候要选择何时浇灌和浇多少水最有利于作物生长。并不是浇灌越多越好，要使有限的水资源发挥最大的作用。

在长期干旱和农业十分需水的关键时期，气象部门还可以在空中具备雨云的条件下进行人工增雨作业，就是用火箭或飞机在云中播撒某种催化剂，形成降雨，这种技术虽还不很成熟，近些年来已在我国广泛采用，但是，由于这种作业要求有较高的条件，并不能每次都成功，即使成功，降雨的范围也不大，它能缓解一时之急，却还不能根本上解除大范围干旱。尽管如此，这种技术还是能为有效利用淡水资源发挥一定作用。

气象与粮食生产

骆继宾

粮食是人类赖以生存的最重要物质资源之一，是国民经济的基础，也是国家立国之本。有了足够的粮食，国家就相对比较安定，社会比较祥和，反之，社会就不稳定，甚至动乱丛生。因此，联合国和各个国家都很重视粮食生产。

世界粮食形势不容乐观

一个世纪以来，世界科技水平有了很大提高，许多先进科技已经用到了粮食生产上，如利用化肥，培育优良品种，使用农药、塑料薄膜，等等。也就是20世纪60年代开始的"绿色革命"。粮食产量曾成倍增加，但随后人口增长速度又超过了粮食产量的增长速度。20世纪初全球总人口约10亿，而本世纪初全球人口约60亿，是20世纪初的6倍。20世纪末全球粮食总产量约为20世纪初的3倍。人口增长速度超过粮食产量增长速度。这种趋势还在持续。据世界粮农组织的报告，目前全球有9.63亿人处于饥饿状态。粮食问题十分严峻。

中国经过30年的改革开放总算解决了13亿人民的温饱问题。以占全球7%的耕地，解决了占全球20%人口的吃饭问题，这的确是一个了不起的成就。2008年我国粮食总产量约为5.25亿吨，平均每人每年400千克。这只是一个基本温饱粮食水平，

而不是一个粮食富裕水平。未来几十年我国人口还要增长，到2030年要增加到15亿。而由于城市扩大，修建铁路，高速公路等还要再占用一些耕地，沙漠化和泥石流等自然灾害也要毁掉一些耕地，因此，我国的粮食形势也不容乐观。正因为如此，我国政府在发展战略中提出了要确保我国的"粮食安全问题"。

气象为粮食安全作贡献

人类自古以来是靠天吃饭，风调雨顺的年份农业丰收，日子好过；灾害多的年份，农业减产；大灾的年份，闹饥荒，社会不稳定。现在科技大发展了，农业利用了现代科技和机械化，但靠天吃饭的局面还没有得到根本的改变。即便科技最发达的国家如美国，现在遇到大旱大涝等灾害，农业仍然要减产。这说明气象条件和农业生产的关系十分密切。要保证我国的粮食安全问题，气象科技可以在多个方面为此作出贡献。

1. 在遇有气象灾害时能避灾或减灾

气象灾害是自然灾害中发生频率最高、对农业影响最大的灾害。气象科技已经能对灾害性天气做出预测，如沿海地区在水稻即将成熟时遇有台风，可根据台风预报略为提前抢收，这样一来，就可减少不少损失；又如，在每年雨季，气象和水利部门配合，根据降雨和水文预报，如能避免一次洪水泛滥，就可以挽救几十甚至上百万亩农田的收成。再如，北方在麦子收割之后要晾晒，麦子入仓以后也要多次晾晒，如能在急雨来临之前得到预报，急速收盖、归仓，也可以避免损失。在有病虫害发生的初期，气象部门可以根据前期和当前的气象条件预测病虫害是否可能大规模爆发，以便植保部门及早采取措施。在旱情比较严重的时候，遇有合适条件，还可以利用人工增雨，缓解旱情。此类例子还可以举出许多。总之，及时掌握气象信息和天气预报，采取有效措施，就可以在粮食作物生长、收获、加工和储存过程中避

免灾害或减少损失。

2. 利用有利气象条件，适时采取农耕措施，促进粮食的增产和丰产

农作物生长过程中，农民要有一系列的耕作措施，如育种、插秧、施肥、打农药、灌溉、除草、收割，等等。一项措施采取的是否适时、得当关系粮食的收成。如果施肥或打农药之后一两天就下一场雨，那么，不仅肥料和农药失去了效力，还浪费了农业资源。有了降雨预报就可以比较好地选择和安排施肥和打农药的时机。灌溉更是如此，根据作物生长到某个阶段及其需水的程度，过去一段时间土壤湿度的变化以及未来几天是否有降雨，雨量可能有多大？来确定什么时候灌水，浇多少水合适。这样更贴近作物的需要，可以促进粮食作物的增产，又避免浪费水资源，还节约了生产成本。

3. 充分利用气候资源

每个地方的气候条件、特点如气温、湿度、雨量、日照时间、无霜期长短等等就是一种气候资源，有了这种气候资源，就能生长某些种类的作物，或最有利于生长某种作物。一般农民群众对此并不了解，他们认为既然祖辈都种这些作物，他们也该种这些；或者，大家都种什么，他也种什么。而气象工作者则可以根据各地的气象要素对气候资源作一个区划，叫做农业气候区划。根据这个区划就可以知道什么地方种什么作物或种哪个品种最合适，能最佳地利用本地的气候资源。这样作物就能茁壮成长，产量自然就高。实际上农业气候区划还可以做得比较细，即便在同一个县或同一个乡，气候资源也有差异，平原和丘陵不同，海拔低的与海拔高的地方不同，向阳坡和背阴坡也不同。因此，让气象工作者和农业工作者以及当地农民一起研究那块地该种什么，种什么最好，就是挖掘农业生产潜力，也是促进粮食增产的有效措施。我国农业气候区划工作从 80 年代就已经开始，但还没有得到足够的重视，推广不够，工作本身也不够细。这项

工作将会持久地做下去，当然还需要农业工作者和各地农民的积极参与。

4. 应对气候变化，最优地利用新的气候资源

气候是在不断变化的，从20世纪70年代至今，全球平均气温已经升高了0.6摄氏度。而各国和各地变化程度也不相同。我国北方的变暖要比南方多，特别是新疆北部、内蒙古北部及黑龙江、吉林等地。我国南方有的地方变暖不明显，西南有的地方气候还有些变冷。气候变了，各地的气候资源也相应变了。因此，就应该用新的气候资源来安排粮食生产，这样才能使粮食生产不因气候条件的改变而减产，甚至还能增产。以黑龙江省为例，由于气候变暖，作物的生长期延长了，影响粮食生产的夏季冷害基本没有了，这就相当于较温暖的气候带向北移了。过去为了适应寒冷气候，他们主要种的是玉米、春小麦、高粱、大豆，水稻比较少，而高粱、大豆是低产作物，亩产才100~200千克。气候变暖后，他们基本不种高粱，大豆也很少种，扩大了玉米，特别是水稻的种植面积。玉米和水稻是高产作物，亩产400~500千克，甚至更高。他们的小麦也换成了吉林或辽宁的品种，产量也较前提高。因而全省粮食产量增长很快。现在黑龙江省是全国商品粮贡献最多的省份。黑龙江的大米，由于日照时间长，昼夜温差大，品质和口感都很好，很受欢迎。这是一个应对气候变化的成功事例。其他有些地区的气候变冷了或变干了，也需要采取相应的应对措施，才能使粮食不减产，甚至增产。气候变化是长期的，应对气候变化也将是一个长期的任务。

气象与环境保护

骆继宾

近200年来,工业革命使人们学会并使用了现代科学技术来发展工农业生产和交通运输,从此,经济发展得快了,人民生活方式逐渐改观,生活水平有了很大提高。而与此同时,人类生活的环境却遭到了污染和破坏。直到20世纪五六十年代人们对此才有了认识。1972年6月5日联合国在瑞典首都斯德哥尔摩召开了有130多个国家参加的第一次国际环保大会——"联合国人类环境会议",会上还通过了"人类环境宣言"。至此,人类社会才开始正视环境保护问题。每年的6月5日也由此被定为"世界环境日"。

大气污染

环境污染大体可分为三个门类:一是固体污染,包括工业废弃物、生活废弃物等;二是液体污染,包括工业废水、生活废水等;三是大气污染,主要是排入大气层内的各种工业、交通工具废气和生活废气,它们通常以悬浮微粒的形式存在于大气中。人们也把它们与其他沙、尘、烟等悬浮微粒统称为气溶胶。由于气体污染物主要在大气中活动,与大气运动和天气现象又有密切关系,因此,气象与环境保护主要是指气象与大气污染及其治理问题有关。

大气污染主要是由五方面因素造成:

(1)工厂排出的废气、机动车辆排放的尾气以及各种由取暖、

制冷、燃烧而产生的废气，有一氧化碳、二氧化碳、二氧化硫、氮氧化物、硫化氢、碳氢化合物，等等。实际上，这类污染因子还很多，如水稻田和牛、羊排放出的甲烷等，这里无需一一列举。总体上说，这方面的污染因子在大气污染中所占比重最大，在大气中停留的时间也最长，因而对人们的身体健康和日常生活影响最大。如果大气中的二氧化硫等污染物与空气中的水汽相结合，就会变成酸雾或酸雨，还会对各种作物、蔬菜和建筑设施等造成危害。严重的酸雨也是一种液体污染，影响江河池塘湖泊等的水质和水生生物。

（2）工厂（如水泥厂），矿山排出的粉尘以及由沙尘暴和大风吹入大气中的尘土微粒，这种污染一般来说是局部性的，沙尘暴的微粒在大气中停留的时间一般不长，但这种粉尘和尘埃对人体的呼吸系统会造成较大的伤害。然而，有时大风能把尘暴卷到上千米的高空，沙尘就可以随高空气流长途跋涉，传送到千里之外的地区和国家，在空中停留时间也可长达十天半月。我国西北地区的尘埃可以传到朝鲜、日本，而非洲的尘埃可以传到美洲。

（3）森林，草原火灾，焚烧秸秆等排出的烟尘。这类污染也多为局部性的。但有时也可以长达两三个月。近几年美国加利福尼亚州等地的森林大火都持续一两个月，有时两三个月，天气又连续干旱，使美国西南地区成天烟雾弥漫；印度尼西亚和菲律宾一带在雨季前后也常发生森林火灾，烟尘不易消散，常随低层东风气流吹向新加坡、马来西亚、越南、泰国一带，可持续个把月的时间；我国一些地区农民在收获之后，在农田里大量燃烧秸秆也造成大范围烟尘。烟尘使空气中能见度降得很低，既影响陆上交通，也影响飞机的起降。这种烟尘还与空气中的水汽结合形成烟雾（smog）。当空气中湿度比较低时，烟雾中的二氧化氮等经较强的日光和紫外线照射发生光化学分解，产生游离氧原子，臭氧和过氧酰基硝酸等更为刺激的浅蓝色烟雾称作光化学烟雾。这是污染物的第二次污染。由于这种烟雾于20世纪40年代首先在美国洛杉矶被发现，因而也被称为"洛杉矶烟雾"。在我国不

少城市也发生过这种烟雾。它能使人的眼、喉红肿、患支气管炎、哮喘、肺炎等疾病，它们对老年人的危害尤大。1990年第一次伊拉克战争期间，伊拉克和科威特大量油田被焚烧，连续几个月的燃烧使附近几个国家成天烟雾弥漫，严重时不见天日，有如黑夜。这种情况当然很罕见。

（4）由于火山爆发喷向空中的火山灰。地球上每年都有几十次的火山爆发，次数有多有少，强度有强有弱。有的火山虽不爆发，但常向大气中喷发气体。火山爆发按其喷发出熔岩的体积和喷发的高度，划分成8个强度等级。中低强度的爆发每年都有，5、6级以上的强爆发要若干年会有一次。约有百分之十的火山一天就完成了喷发，有的断续喷发几周，个别的断续喷发几年。平均下来喷发时间为7天。一次5级强度的爆发，其喷出的熔岩和火山灰的体积有一个立方千米，并伴有二氧化硫等气体和水汽；喷出的高度可达25千米以上。大块的火山熔岩和土块一般坠落在火山口附近，小块的可坠落到十几或几十千米之外。再小些的尘土甚至可顺风落在上百千米之外的地方，停留时间可长达几周，甚至更长。1980年5月18日位于美国西海岸华盛顿州的圣海伦火山爆发，是一次5级（中等）强度的爆发。瞬间火山熔岩和灰土就冲上了24千米的高空，喷出的熔岩和火山灰有1.2立方千米，覆盖6000平方千米的地面，波及美国11个州，烧毁和掩埋了不少村庄。此外，火山爆发对受影响地区的人体健康也造成损害。它对人类的另一大威胁是飞行安全。由于微小的火山灰可以喷射到二十多千米的平流层高空，而大量细小的火山灰进入飞机引擎，就能使引擎熄火。例如，1982年有几架波音747飞机遇到了印尼加隆贡火山爆发出的火山灰，其中有一架从吉隆坡飞往澳大利亚的飞机突然4个引擎熄火，飞机从36000英尺猛然坠落到12500英尺，幸好引擎重新着火，飞机得以安全降落在雅加达机场。近30年来先后有90架民航飞机遇到火山灰云，并不同程度的受损，几次险些机毁人亡，可见其威胁之大。

（5）由核电站事故引起的核辐射泄漏以及核试验引起的大气核辐射污染。这种带有核辐射的微粒可以在空中停留几天至半月，并随高空气流输送几百上千千米，然后逐渐沉降到地面。核辐射对人体健康的威胁最大。这种事故和污染发生的概率虽很小，倘一旦发生后果极其严重。1986年4月26日在乌克兰的切尔诺贝利核电站的第四号机组发生爆炸和核辐射泄漏，当即死亡31人，近20多年来，由此次核辐射泄漏而引发癌症死亡的人数达9万多人。从这一事故的后果就可看出此类污染的危害性。因此，国际组织和各个国家都把防止核辐射污染作为环保工作的重中之重。中国政府为此还特别设立了"核安全局"。

气象与大气污染

要治理大气污染首先要了解大气污染的程度，这就要对大气成分和空中悬浮微粒进行监测。气象部门除了有气象台站对大气的温压湿及降水等要素进行定时观测外，还设立了一些台站对当地的大气化学成分、空中气溶胶及酸雨等进行定时观测。在这些台站中有大气本底站和基准站。它们是设在周围没有工业和人群生活的地区，这样就可以测出没有污染和基本没有污染情况下的大气成分和气溶胶含量，并以此为基准。将各地台站观测的结果与这些基准进行比较就可以知道当地大气污染的程度。我国在青海瓦里关山设立的大气本底站，周围几百里既没有工业，也基本没有人烟，是世界气象组织认可的国际上唯一设在大陆腹地的大气本底站。

全球气候变暖，是当前国际舆论关注的一个热点。联合国和许多国际组织在讨论和谈判如何减少排放和抑制全球气候过快变暖问题。这里所说的减少排放，就是指本文前面所说的第一方面的排放，也就是由工业和机动车等排放的一氧化碳、二氧化碳、氮氧化物、硫化氢、碳氢化合物、甲烷等。由于这类气体能减少地面长波辐射向外空的散逸，增强了大气的"温室效应"，所以

这类气体又被称为温室气体。近30年来由于大气中温室气体的增加，全球年平均气温已经升高了0.6摄氏度。初步估算到本世纪末，气温还将升高1.6～6.4摄氏度。这种气温升高的速度是过去几千年来未曾有过，这对地球上的天气气候、生态环境都可能带来巨大变化，较大的可能是弊多利少。比如说中纬度常规降雨的形式发生变化，大范围干旱和洪涝增多，极端天气发生的频率加大，海水平面升高，可耕地减少，森林面积萎缩，一些生物物种退化消失，等等。这些不确定因素使得人们不得不考虑要采取积极措施限制和减少温室气体的排放，以抑制气候过快变暖，同时也要积极应对全球气候变暖。气象部门作为主管部门有责任对气候和气候变化进行监测，并对未来的变化进行预估。

　　大气中的污染因子都随空气的运动而移动、传播、扩散。因此，气象部门就可以根据气流的移向和移速来预测某个地区在某个时候会受到污染源的影响，或污染物比较集中，以便人们能事前采取预防或避害措施（如撤离或留在室内等）。对于核辐射是如此，对烟雾、沙尘如此，对其他污染物也如此；一些天气现象的发生也会改变某一地区大气污染的状态。例如，一场降雨或降雪就能使大气中污染物的浓度减低，一场大风又能使某一地区沙尘和粉尘浓度加大。当大气中水汽加大时，烟尘就会变成烟雾，等等。气象部门就可以根据这些原理进行大气污染预报。对于火山爆发的影响，包括火山熔岩和火山灰通常是由地震部门提供。但是，喷入高层大气的火山灰，由于其颗粒极小，停留时间又长，而飞机上雷达的荧光屏却对其无反应。目前，航空部门都是通过气象卫星云图来跟踪其踪迹，以便飞机能避开其对引擎的危害。

　　由于大气污染物存在于大气中，并随大气运动而运动和变换，两者密不可分。因此，无论是对大气污染的监测，还是预报，都需要环境保护部门和气象部门以及相关部门的密切协作和共同努力。

后 记

感谢编委会委托，让我负责编选本书。

受篇幅所限，收录作品时，原则是不求全，不求重，不求大；重点在新，即新事实、新观点、新问题、新焦点，新评论……新中见奇，新中有趣。因此起名《气象新事》。

我个人认为，入选本书的作品都是很有新意的，也是很优秀的，但是，"金无足赤，人无完人"，文章也是如此。对于一些作品局部存在的不足，本书采用了加"编者注"的办法，或者请作者进行了局部修改。在"编者注"中，有的还根据最新的资料，对重要的相关知识和最新进展做了一些补充说明，以及交代一些有关文章和作者的一些重要情况，使对涉及问题有更新、更全面的了解。

当然，文后的"编者注"只是主编个人的学术观点，欢迎批评指正，共同进行学术探讨。

林之光

2009 年 4 月 8 日